爱丽丝·赫兹－桑默，1924 年前后

110岁的优雅

爱丽丝的美丽人生

A Century of Wisdom

[美]卡罗琳·斯托辛格 著

徐嘉 译

广西科学技术出版社

目

录

Contents

生而为人，从未心死

瓦茨拉夫·哈维尔（捷克前总统）

读《110岁的优雅》，就像是面对一位史诗般瑰丽的女人，伴随着她的琴声，亲历她110年的传奇一生。她的故事跨越时空、跨越生死，有着直指心灵的力量。在捷克斯洛伐克的这方热土上，爱丽丝·赫兹-桑默得益于它的中欧文明之美，也亲历了它在20世纪长达50年之久的封闭与苦难，用她优美的琴声筑起德行的高墙。爱丽丝的记忆是我们共同的记忆——品读着她《110岁的优雅》，我们仿佛重温了自己经历过的最黑暗时刻，并从中得到榜样的力量，奋起并努力寻找自己内心的模样。

108岁的时候，爱丽丝喜欢上讲贤哲的故事，从马勒讲到弗洛伊德，从维克多·弗兰克尔讲到马丁·布伯，再讲到利奥·拜克……在台上她是音乐家，走下台她是音乐老师——她的音乐影响了数以万计的学生、学生的孩子，以及这些学生的孩子的孩子。在二战的特莱西恩施塔特集中营，她用琴声给狱友带来生的希望；在战争结束之后，她将自己重新变成人生的学生——将余生奉献给对知识的不懈追求、对生而为人的理解，以及对人类作为群体、作为个体，究竟何以成为人本身的解读。

爱丽丝说：“生而为人，从未心死。”这简单的8个字却让我有着强烈的共鸣——因为我相信，只有认为人生有意义，人才会有希望；只要有希望，人就有理由活下去。爱丽丝活了下来，她让世人知道了她的故事、我们的故事，以及更多虽然面对邪恶却仍展现出真与美的故事。这是乐观的力量，是一个凡事正面思考的女人向这个世界呈现出的人性魅力所在。这不仅给今天的我们上了一课，也为我们的子孙后代提供了汲取智慧和希望的源泉。

面对存在的限制，活出真和美

卡罗琳·斯托辛格

我第一次见到爱丽丝，是在她伦敦的寓所。那时，我正筹拍一部讲述她人生的纪录片。多年来，我一直专注于纳粹大屠杀的音乐研究，特别是隔都（犹太区）特莱西恩施塔特的音乐研究。我丈夫的祖父母就死在那里。在那种环境下，怎么还会有人办音乐会？怎么还会有人写曲子？我从其他特莱西恩施塔特幸存者口中知道了爱丽丝的名字，从其他采访者那里了解到爱丽丝的故事。当我走近她的时候，我感到庆幸，就像上帝赐予的一个奇迹，她给我当时黯淡、无力的生活带来了灵感和希望。她让我有信心直面一生中最大的考验——我独生女儿的患病，她迫使我去面对存在的限制。在她身上，我找到力量和平静。

《110岁的优雅》是基于爱丽丝的回忆写成的。从2004年到2011年，爱丽丝与我进行了不计其数的访谈和拍摄采访。认识她，就像是换上了这个百岁女人的眼睛，重新观察世界。她的乐观、坚强、好奇心和情感能量，鼓舞了所有有缘与她相遇的人。她不仅研究哲学，也亲身实践着哲学家的教导。她极为推崇古希腊斯多葛派哲学家埃皮克提图，常引用他的话："聪明人不会为他没有的东西悲伤，而会为他拥有的东西欢乐。"

爱丽丝告诉我："生命中的任何事都有正面的意义，努力去发现它。不要否定存在。不要让生活决定了你的快乐。"她还说："自古以来，善恶就是并存的。我们该如何处理它、如何回应它，这才是关键。""我们还活着。我们还有音乐。你和我一样富足，因为你也是钢琴家。没有人能夺走这一财富。" 这些箴言般的话语时常启发我重新思考自己的生活态度和方式。

与爱丽丝交往的这些年，我不仅在音乐上获益良多，更多的是在面对人生上，我变得更加平和、知足，视野也比以前更加宏观、开阔。我常感叹，爱丽丝不但是位能带人领会音乐之美的钢琴家，也是位不断启发和感染着周遭人的哲学家。她在音乐和哲学中寻找无限，她活得比多数人都快乐。她很喜欢笑，常常是哈哈大笑，这对每一个遇见她的人都像一种祝福。犹记得她107岁生日的那天，窗外秋色正浓，常春藤油绿依旧，她静静凝视着眼前的风景，笑着对我说："你看，大自然多美！"接着，她引用了自己翻译的斯宾诺莎的话："我们就是自然。上帝就是自然。"她沉吟片刻，道："真难以置信，我都107岁了。你知道我很独立，我能独立思考。我很高兴，今天我还能醒来。"

起初，我并未想过要写这本书。可是随着我与越来越多的朋友谈到爱丽丝，与他们分享她的智慧，朋友们按捺不住地纷纷建议我：写下来吧，让更多人知道爱丽丝的故事，让更多人有机会获得生命的启迪。思及这些年与爱丽丝相识以来我的变化、我生活的变化，毫无疑问，我获得了某种来自上天的馈赠——通过爱丽丝。最终，我接受了建议。

我写这本书时，爱丽丝刚过完她第108个生日。她仍以不可思议的专注之心在练习弹琴，在寻找那难以置信的完美化境。有位访客问她，为什么要花那么多时间练习同样的乐曲？她盘起手臂，直视客人的眼睛说：“我是艺术家。虽然有些时候我也会佩服自己，暗自认为自己弹得不错。可是，弹琴时间越久，我就越明白，自己仍然只是个初学者。因为，当你练习一首曲子越多，就越会发现，无论你多么熟悉它，你都可以有更深的理解，每次多一点的理解……身为音乐家的最大福祉，是你可以只练一首曲子，练上一百年，可是总会有新的发现，永远不会厌倦。与学者研究《圣经》一样，我亦热情满满，只不过，我研究的是音乐语言。艺术家的工作永远没有终点。生命亦然。我们只能努力奋斗，争取公义。至于音乐，我追求的是意义，我练习的是人生。”

爱丽丝最喜欢的犹太作家茨威格曾说：“我们最应感谢的，

是那些在不人道的时代确保我们人性的人。”作为整个20世纪的见证者，爱丽丝体验了这个世纪所有非凡的文化和科学成就，并从这些人类文明所提供的最好事物中获得了无与伦比的力量。她经历了西方世界至今最大的人性堕落，却仍将人性最好的一面显现出来。她从未逃避接受一切现实，通过音乐、哲学、文学等，在有限的世界中与卡夫卡口中的“不灭”之物紧密相连，寻见了永恒的喜乐——这对我们所有人而言，可能都是永葆青春的最终来源。希望我们都能如爱丽丝，安住当下，笑对人生，活出真和美。

编　者　序

爱丽丝的钢琴人生

现年108岁的爱丽丝既是全世界最年长的纳粹大屠杀幸存者，也是迄今为止最年长的音乐会钢琴家。这个出生于1903年11月26日的百岁老人，见证了几乎整个20世纪和21世纪前10年所发生的一切。她一生跨越世纪和国界，历经坎坷和苦难，看透人性的光辉与丑陋。即使身处邪恶与混乱之中，她始终保持生命的鲜活和乐观，将精神置于琴键之上，满怀笑意去发现生活美好的一面；她总能抛开过去，活在当下，并从当下汲取力量。在无数晦暗和颠沛流离的日子里，爱丽丝不但鼓舞了自己，也为更多听到她的故事和音乐的人带去了信心和希望。

爱丽丝生于捷克首都布拉格，姓赫兹-桑默，即“夏日之心”。父母为她取名“爱丽丝”，意为“高贵之人”。父亲弗里德里希·赫兹是位成功的商人；母亲苏菲·赫兹受过高等教育，活跃于知名艺术家和作家圈中，与马勒、里尔克、托马斯·曼、茨威格、卡夫卡等人交好。

爱丽丝儿时的成长环境和平安逸，阅读和听音乐会是最主要的娱乐休闲形式；邻里相处友好和睦，家家户户安享太平。爱丽丝的母亲深爱音乐，音乐素养很高，曾在爱丽丝4岁生日的前两天，带她去维也纳，听马勒指挥国家歌剧院管弦乐团演奏他的《第二交响曲》。那是1907年11月24日，马勒的告别演出。爱丽丝回忆说："音乐会结束后，妈妈与马勒攀谈了起来，我也和马勒聊了几句。"说这些时，爱丽丝抿抿嘴，耸耸肩，脸上一副当年小女孩见到天才时一脸惊奇的表情。

在良好的艺术氛围成长背景下，爱丽丝自幼就立志成为一名钢琴家。二战前，她已崭露头角，正在为成为享誉世界的音乐会钢琴家而努力奋斗。她常常为捷克爱乐乐团做特邀独奏，录制了不少商业唱片，并受到评论家马克斯·布罗德——卡夫卡的朋友兼传记作家——的热烈关注。那时的爱丽丝自信满满，确信职业钢琴家之梦触手可及。

然而，爱丽丝周围的世界很快陷入疯狂。捷克本国法律被废止，布拉格被纳粹的旗帜淹没，她幼小的儿子再也进不去自己最喜欢的公园，因为门口的指示牌上写着“犹太人禁止入内”。1938年3月，德奥合并，爱丽丝的家人迫切想要移居巴勒斯坦，但爱丽丝夫妇选择了留下，照顾幼子和年迈的母亲。

1939年初，捷克斯洛伐克残存的军队、政府在总统爱德华·贝奈斯的带领下流亡英格兰，数车皮的孩子胸挂名牌，被送往英格兰，寄养于陌生人家。所有通往民主世界的大门都关闭了。英国大使馆关门，美国人也将撤离，纳粹士兵身挎枪械在街上巡逻，布拉格陷入恐惧和慌乱之中，可大多数人仍不愿相信黑暗就这样笼罩了四周。最后一班开往伦敦的火车，满载了三百多名犹太儿童，却最终没有发车，大多数孩子都永远消失了。

1942年年初，爱丽丝72岁的老母亲作为第一批接到特莱西恩施塔特驱逐通知的犹太裔捷克公民，背着沉重的行囊，步履蹒跚，一步步走到集合地点。看着母亲的背影消失在茫茫人海而自己什么都做不了，爱丽丝心如刀绞。

1943年7月，爱丽丝和丈夫——商人兼业余小提琴家利奥波德·桑默，以及6岁的儿子拉斐尔（小名“拉斐”），接到驱逐令，接着也被送入特莱西恩施塔特。

特莱西恩施塔特不是一座普通的集中营。从表面看，它就像一个人群拥挤的小城，人来人往，东奔西走，音乐永不止息，一片繁盛的景象；而事实上，它是希特勒时时作响的宣传机器。希特勒曾将特莱西恩施塔特奉为“典范的集中营”，声称在那里，杰出的犹太音乐家、作家、艺术家和长者能免遭战争之苦。然而真相却是，特莱西恩施塔特是一座守备森严的隔都、一个犹太人中转站，犹太人被从这里送往奥斯维辛和其他遍布欧洲的纳粹屠场。高墙之内，来自捷克斯洛伐克、奥地利、荷兰、丹麦和德国的知识分子饥寒交迫，饱受传染病、酷刑和死亡的折磨。据统计，共有156000犹太人被关押于特莱西恩施塔特集中营，仅17500人幸存了下来。1942—1945年，超过15000名犹太儿童被集中送往特莱西恩施塔特，只有约100人生还，其中就包括爱丽丝的儿子拉斐。

与其他集中营不同的是，尽管那里笼罩着恐怖气氛，生存环境与其他集中营相差无几，犯人毫无人身自由，但纳粹为了政治宣传，会组织文艺活动，诸如音乐家练琴、演员表演、教授讲学、画家在纸片上作画等带着旧日生活痕迹的情景，依然可以在特莱西恩施塔特看到。纳粹没有意识到，原本为了掩盖暴行和罪恶的欺瞒之举，正好给了黑暗中的人们片刻喘息的机会。艺术，在拯救生命。

在整个集中营关押期间，爱丽丝为狱友们演出了一百多场音乐会，并设法偷偷教集中营里的孩子弹琴。音乐带领绝望无助的人们，一次次重拾温暖、感动、信念和力量。

1945年5月8日，苏联红军解放了特莱西恩施塔特。爱丽丝和拉斐回到布拉格，却发现公寓已被他人占住。母子俩缺衣少食，过去的熟人也遍寻无着，终于，1949年，爱丽丝决心移居以色列，与那里的家人、朋友团聚。

在以色列，爱丽丝重建新生活，并开始学习希伯来语。她靠在耶路撒冷音乐学院教琴，养活拉斐和自己。但是，尽管她仍在耶路撒冷演出，后来也常去欧洲表演，却再也没能重振自己的国际声誉。在集中营里失去的岁月，加上后来赚钱养家、照顾幼子的艰辛生活，爱丽丝耗费了太多时间和精力。然而，这段将近40年的光阴却被爱丽丝称为“生命中最好的时光”。

20世纪80年代初，为了住得离儿子近些，爱丽丝再度离乡，移居伦敦，此时拉斐已经是一名优秀的大提琴家。2001年，拉斐猝然离世，年仅64岁，这让爱丽丝肝肠寸断。悲痛过后，她平静地说：“我很感激，他再也不用受苦了。”

爱丽丝独居，却并不孤单。她既拥有一切，又什么都没有。她全部的物质财富加起来只有几件旧衣、一台古董电视、一台旧录像机、几帧照片和一架她生命中不可或缺的立式钢琴。可她的精神财富，是那么不可估价。每天，她至少花三个小时练习巴赫、贝多芬、肖邦和舒伯特，所有乐曲都是背谱演奏。若碰巧有懂音乐的友人来访，她就会在傍晚时分与人合奏一场室内音乐会。她说：“有音乐的日子我总是很开心。没有音乐我也开心，哪怕想到音乐我都开心。”

她从未放弃希望。几十年来，经受耶路撒冷的风吹日晒，她的脸庞已布满了老年斑，但她标志性的笑容却一如往昔。她的笑容来自心底，散发着温暖、热情与欢乐，既充满好奇，又毫无论断他人之意。透过她的笑容，能窥见一个丰富多彩的回忆世界，充满理解、喜悦、爱和感恩。她说，所有的一切都像个奇迹。

爱丽丝一生活在音乐中，用令人敬佩的乐观和从容面对这个世界，始终不忘善意和宽容；她亲历人性的种种，饱经世事沧桑，心却一直年轻；她充满好奇的眼睛，总是雀跃如孩童。她不是画中端坐的高贵妇人，也没有丰盛的物质财富可供彰显，然而她聪慧、喜乐，拥有无与伦比的智慧和弹一手好琴的才能，她的美，如史诗般动人。

爱丽丝的钢琴课

贝多芬《致爱丽丝》

这是贝多芬最为世人所钟爱的钢琴小品。世人皆猜爱丽丝是谁，是怎样聪慧可人的姑娘能让贝多芬为之作出这样温柔的曲子？全曲旋律优美，节奏在轻快与舒缓间跳跃、流转，间或出现严肃的情感表达，转瞬又回到柔软。让听者仿佛置身于一场一对一的专享音乐会，恍惚间自问：“爱丽丝是谁，我又是谁？或者，爱丽丝就是我？”

第一章

弗兰兹·卡夫卡叔叔

我们所经历的一切都会成为勇气的来源。

每一天都是礼物，美好的礼物。

有音乐的日子我总是很开心。没有音乐我也开心，哪怕想到音乐我都开心。

崇尚理想，跟随内心的召唤，坚持去做自己认为对的事，全心投入。

印在脑中的乐曲，流淌在指尖的旋律，是唯一的财产。

世界虽难以理解，但可以拥抱。拥抱其中的一个存在，就可以拥抱全世界。

8岁的爱丽丝打开花园门，眼前站着一位清瘦的高个儿青年。这个小伙子，许多年后被认为是20世纪文坛最著名的作家之一，他叫弗兰兹·卡夫卡。但对爱丽丝来说，他只是弗兰兹叔叔。弗兰兹叔叔驾着马车，给爱丽丝的母亲苏菲带来了一束五颜六色的花，花朵被太阳晒得耷拉了脑袋。弗兰兹叔叔充满歉意地对苏菲说："真是对不起，我下不了决心该选哪种颜色……"

说到赫兹一家与卡夫卡的相识，不得不介绍一下爱丽丝的家人。爱丽丝有两个姐姐——艾尔玛和玛丽安娜，还有两个哥哥——乔治和保罗。艾尔玛比爱丽丝年长十二岁，玛丽安娜小名叫"米茨"，与爱丽丝是孪生姐妹。艾尔玛的未婚夫费利克斯·韦尔什是位年轻开朗的哲学家，与卡夫卡是同学兼好友。两人曾一起在布拉格查理大学攻读法律专业，后来又都放弃了法学，进入同一家保险公司共事。工作之余，韦尔什获得了第二个哲学博士学位，卡夫卡写作并开始出版作品。他俩与马克斯·布罗德、奥斯卡·鲍姆成立了一个写作小组，号称“布拉格四人组”。此后，他们又结交了少年诗人弗朗茨·韦尔弗。

韦尔什介绍挚友认识未来妻子的一家，这再自然不过了。卡夫卡很快成了赫兹家的常客。他很喜欢赫兹一家浓厚的文学与音乐氛围，周末常常留在赫兹家吃饭，俨然已是爱丽丝家的一员。卡夫卡那时正与自己的犹太身份角力，赫兹一家世俗化的德国犹太人生活带给他温暖和慰藉。对于自己的犹太血统，卡夫卡一生都处在中间路线上，他遵从犹太价值观，但除了犹太成人礼之外，从不恪守任何宗教传统。在世人和朋友眼里，他就是个欧洲的布尔乔亚，彬彬有礼，衣着得体。卡夫卡的便装照，几乎一张都找不到。小爱丽丝觉得弗兰兹叔叔怪得很，他总是西装革履的，就算是郊游或野餐也不例外。

小观察家爱丽丝还观察到，弗兰兹叔叔时常因为丢三落四而迟到，有时甚至因为迷路而迟到。然后，他会在出现时为这一切道歉。他时时事事都要道歉，以至于爱丽丝觉得他吃饭要道歉，走路也要道歉，简直活着就要道歉。可是对这样迷糊又格外有礼貌、客气的弗兰兹叔叔，爱丽丝欣然接受，因为除此之外，弗兰兹叔叔其实非常有趣，对她们这些孩子也很好。

爱丽丝对卡夫卡最亲切的记忆是在一个晴朗无云的夏日。那天，保姆恰好放假，卡夫卡没打招呼就出现在赫兹家的乡间别墅。看到这对双胞胎小姐妹坐立不安、异常烦躁的样子，卡夫卡提议步行去周边的村子里探险。苏菲勉强同意了，于是爱丽丝和米茨欢天喜地地跟弗兰兹叔叔出了门。卡夫卡平日里常练习竞走以强身健体，所以走路很快。爱丽丝和米茨虽勉力跟随，但力有不逮，刚走了一英里就不得不放慢脚步，最后索性停步歇息。夏日的树林凉爽舒适，阳光滤过树叶斑斑点点地洒在小径上，赫兹小姐妹央求弗兰兹叔叔给她们讲故事。于是，卡夫卡给小姐妹找来了一根原木当凳子，自己则坐在一个树墩上，一个奇妙的“卡夫卡式”故事就此开讲。故事里有神奇的大怪兽，有在别处从未听过的奇异剧情，两个孩子听得津津有味，时而紧张，时而大笑。而她们越入迷，卡夫卡的想象就越离奇,甚至最后还“变出”了几块“魔幻”三明治和一瓶热茶。他声称是一只半熊半羊，还会隐形的动物特意在树林里给他们留的。这一切令他的两个小跟班兴高采烈，乐不可支。而会讲故事的弗兰兹叔叔的“长不大的小孩”形象，也永远留在了爱丽丝的童年记忆中。

除了爱听弗兰兹叔叔讲故事，爱丽丝与卡夫卡还有个共同爱好——游泳。每逢夏日，卡夫卡总会在查理大桥[1]组织派对，爱丽丝、米茨、艾尔玛和韦尔什都是派对常客。游泳比赛是派对主要活动之一。在认识卡夫卡以前，爱丽丝就是个游泳好手，在伏尔塔瓦河比赛游泳对她来说是小菜一碟。

从9岁开始，爱丽丝就坐在妈妈身边，听卡夫卡滔滔不绝地谈论他正在写的书，预告他意欲动笔的新作。文学和音乐是爱丽丝母亲不愉快的婚姻生活的避风港，她很欣赏这位天赋异禀的作家。卡夫卡式的开头总是令她们充满好奇，这样的开头在20世纪初是极富现代性的，甚至可以说是革命性的。小说《审判》的开头写道："准是有人诬陷了约瑟夫·K，因为在一个晴朗的早晨，他无缘无故地被捕了。"《变形记》一开场，就是："一天早晨，格里高尔·萨姆沙从不安的睡梦中醒来，发现自己躺在床上变成了一只巨大的甲虫。"而《城堡》的开头也很吸引人："K到村子的时候，已经是后半夜了。"

爱丽丝可以一刻不停地央求卡夫卡讲故事，但她总想知道故事的结局——这卡夫卡就不能作答了，因为他无法完成故

[1] 一座跨越伏尔塔瓦河的著名桥梁，位于捷克共和国首都布拉格市内。

事。后来，他写道："我很清楚什么是优柔寡断。我对此再熟悉不过了：每当有什么东西召唤我，我都会败下阵来，对于往事种种细枝末节的半心喜爱和半心犹疑，折磨得我疲惫不堪。"

爱丽丝的家人问卡夫卡，既然不愿从事法律方面的职业，为什么还要学法律、当律师呢？卡夫卡的回答很简单，因为下不了决心，不知道该读什么专业。后来证明，这种犹豫、反复和难下决心，在卡夫卡的一生中并不鲜见。在离开理查德·罗伊律师事务所后，卡夫卡记录："待在法律界从来就不是我的本意。1906年10月1日，我开始在律师事务所上班，一直待到1907年10月1日。"

卡夫卡讨厌遵从宗教传统，但对赫兹家举办的逾越节家宴情有独钟。因为在卡夫卡家，卡夫卡反宗教传统的父亲将之变成每年走过场的仪式，而在赫兹家，这无疑是场欢乐的家庭盛宴。在《致父亲的信》中，卡夫卡写道："我不明白，你怎能以你对犹太教的走过场，责备我（哪怕是出于虔诚呢，你这样说）没有努力做出类似的样子……你一年去四次教堂，相比于郑重其事的教徒，倒更像无动于衷的人。"

像所有传统的犹太人一样，逾越节是赫兹家非常重要的节日。从小受正统派犹太教影响长大的爱丽丝的父亲，虽然平时非常节俭，但是每逢逾越节，必遵循传统，向朋友敞开家门，邀请邻居、陌生人——无论富贵贫穷——一起欢度佳节。友好的弗里德里希·赫兹先生会邀请工厂里最年长的工人来到家中，享用逾越节家宴。每到逾越节，爱丽丝的祖母芬妮就会亲自掌勺，她会要求在逾越节的前几天，把家里剩下的发酵面包和糕点通通吃光，并用沸水洁净厨具杯盘。苏菲则带着孩子们打扫房间。他们擦亮银器，铺上最精美的桌布，而勤快的爱丽丝总能得到母亲和祖母的表扬。等到正式逾越节的这天，芬妮会在女仆的帮助下，做出最美味的犹太鸡汤、无酵饼和最嫩的牛胸肉，请每一位宾客品尝。

1912年，赫兹家举行了有史以来最盛大的一次逾越节家宴，除了赫兹一家，艾尔玛的未婚夫费利克斯、卡夫卡、作家奥斯卡·鲍姆、赫兹家的邻居、工厂里的数位工人都列席参加了。爱丽丝坐在弗兰兹叔叔旁边。而艾尔玛则提醒第一次见到鲍姆的爱丽丝，不能区别对待这位盲人作家。许多年后，爱丽丝看到马克斯·布罗德记述他介绍卡夫卡与鲍姆第一次会面的情景，这才发现，原来姐姐的提醒是给自己上了第一堂道德教育课。布罗德写道，初次见到鲍姆的卡夫卡，默默地向鲍姆深鞠一躬，致意方式和对其他人毫无二致。“他就是这种人，”鲍姆说，“他在人性的深度上，超过了通常的善意。”

家宴开始了。由一家之主弗里德里希·赫兹用德语主领，爱丽丝和米茨负责分发《哈加达》——一本宣讲逾越节的小册子；然后，爱丽丝和米茨这对小姐妹一起问四个问题[1]，她们的父亲则负责解释逾越节的原意；卡夫卡帮两个小女孩寻找“保留之饼”；众人一同吟诵古老的经文“今年我们在此，来年我们在耶路撒冷”。也许，除了卡夫卡的想象力，不会有人想到：不到三十年，耶路撒冷真的成了他们的避风港。

弗里德里希用浑厚的男中音领唱《Dayenu》[2]这首孩子们最喜爱的逾越节歌曲。每个人都跟着唱起来，卡夫卡也不例外。丰盛的晚餐过后，男人们退回客厅抽烟，喝上好的法国白兰地，还请小爱丽丝弹琴助兴。爱丽丝弹起一曲贝多芬的音乐

[1] 在犹太人的逾越节晚餐上，年纪最小的人要问四个有关“今晚为何与平日夜晚不同”的问题，即：“在平日晚上，我们既可以吃面包，也可以吃无酵饼，为什么今晚只吃无酵饼？在平日晚上，我们可以吃各种蔬菜，为什么今晚要吃苦菜？在平日晚上，我们吃菜从不蘸盐水，为什么今晚吃菜要蘸两次盐水才能吃？在平日晚上，我们既可以坐着吃，也可以倚着吃，为什么今晚我们大家都倚着吃？”——译者注。

[2] 这首歌主要赞颂上帝为犹太人所施行的所有神迹奇事。在诵唱完每件神迹之后，众人齐声重复副歌 Dayenu（意即“上帝只要行这件神迹就够了”）。

小品，又加了一首肖邦的圆舞曲。每个人脸上都洋溢着幸福而陶醉的笑意。

卡夫卡常常陷入爱河。尽管他非常清楚地表示他渴望结婚，但又抱怨没人理解他。“假如拥有这么一个理解我的人，比如说一个女人……那就意味着拥有上帝。”他在日记中写道。他的理想妻子不是那种非买水晶吊灯不可的类型，他有时觉得找到了她，可到最后又总是犹豫。卡夫卡曾将菲利斯·鲍尔作为未婚妻介绍给赫兹一家，之后又悔婚，然后再次订婚，可是短短几周后，他又改变了主意。为了安慰卡夫卡，爱丽丝的妈妈对他说，你是贝多芬和勃拉姆斯式的艺术家，而这样的人是属于全世界的，不属于哪个女人。

这都是在卡夫卡遇见多拉以前。赫兹一家人都感觉到，多拉·迪亚曼特对卡夫卡来说非比寻常。爱丽丝的妈妈说，弗兰兹在多拉的身上发现了自己的本性，她很希望这两人能共结连理。爱丽丝觉得妈妈的直觉精准无比。

卡夫卡痴迷于多拉的温柔母性和独立精神。多拉从小到大一直是正统派犹太教徒，这与卡夫卡的母亲一样；她拒绝听从父亲对自己的人生规划，卡夫卡也是如此；他们都爱好意第绪文学；多拉倾向于犹太复国主义，引发了卡夫卡对《塔木德》[1]的兴趣；1896年犹太成人礼后，卡夫卡就宣称自己是个无神论者兼社会主义者，而多拉同样坚持自我，她没有遵从家人希望她早日成家的愿望，而毅然选择去柏林读书，后来成为一名幼儿园老师。

毋庸置疑，多拉全心全意地爱着卡夫卡。1923年，他俩一见倾心时，卡夫卡已经40岁，比多拉大了15岁，而且身患肺结核。由于病情发展迅速，卡夫卡进了基尔林的一家疗养院养病，那里离维也纳不远。爱丽丝记得，当时苏菲很担心，因为多拉竟搬去了卡夫卡的房间，不分昼夜地照顾他。神奇的是，多拉并未感染上肺结核。有段时间，卡夫卡的病情似有好转，爱丽丝一家还收到了卡夫卡的信。但这对恋人共度的时光还是太短暂。1924年6月3日，两人相爱仅一年，卡夫卡在即将成名前，在多拉的怀中撒手人寰。

他的遗体被运回布拉格，葬在斯特拉斯尼斯区的新犹太公墓。赫兹全家参加了卡夫卡在公墓小教堂举办的葬礼。这年，爱丽丝已经快21岁了，是一颗冉冉升起的钢琴新星。

---

[1] 源于公元前 2 世纪至公元 5 世纪之间，是犹太教认为地位仅次于《塔纳赫》的宗教文献。

那之后过了很多年——1950年，在以色列——爱丽丝和多拉又见了一面。二战后爱丽丝移居以色列，而多拉在英国居住，她躲过了希特勒的大屠杀，彼时已结婚，还生了一个女儿。作为一个激情澎湃的犹太复国主义者，多拉的这次以色列之旅可谓圆梦。爱丽丝、多拉和韦尔什三人再聚首，谈起卡夫卡，他们都在思考，倘若卡夫卡知道自己死后会这么有名，他是害怕还是高兴？倘若他还活着，最后会不会娶多拉？多拉常以“多拉·卡夫卡”自称，她一直觉得自己本可以是卡夫卡的妻子。但是爱丽丝很肯定，卡夫卡最后一定会找到什么妙点子，不下这个决心。

爱丽丝从未停止想念卡夫卡，想念卡夫卡对她的善意。但她始终无法理解这位弗兰兹叔叔，为什么这么优柔寡断？为什么他的书都没有结尾？想了很多年，和布罗德聊了很多年，也读了数不清的有关卡夫卡的书，爱丽丝终于总结出自己的一套理论。这套理论在她私藏的所有卡夫卡传记里，都没有谈到。

爱丽丝解释说，卡夫卡的母亲是正统派犹太教徒，但他的父亲家教严格，甚至“残酷”（卡夫卡自己的说法），并且非常世俗，也许骨子里就是个无神论者。父母身上截然相反的特质，在卡夫卡内心形成一种强烈的挣扎，如果他奉行了母亲的信仰，父亲就会愤怒；如果他放弃了母亲和祖先的宗教，就会深深伤害这些赋予他生命的人。爱丽丝总结道：“卡夫卡毫无归属感，无法确定自己是谁，不知道该走哪条路。‘选择’意味着不是让父亲失望，就是让母亲失望。我想，这就是他的问题核心。”

爱丽丝揶揄道，卡夫卡要是知道学者们现在会“卡夫卡式地”为他的作品辩来辩去，恐怕会觉得好笑吧。有人说，卡夫卡的作品与犹太主义及他的犹太血统一点儿关系也没有；另一些人则声称，他的作品完全是犹太式的。爱丽丝认为两种观点都有部分是正确的，因为这正是卡夫卡内心角力的体现。

舒曼《童年情景》

《童年情景》是舒曼为妻子克拉拉所作。“音乐诗人”舒曼以极富浪漫的艺术想象力，深入儿童的内心，描述了亦真亦幻的童年情景，如捉迷藏的欢乐、在壁炉旁的温暖舒适、听到恐怖故事时的兴奋与紧张……舒曼如同亲见了童年克拉拉的生活般，感同身受地描绘出这些动人的画面。舒曼说：“没有任何作品像《童年情景》一样，是真正从我的心里流淌出来的。”

第二章

钢琴课

我活在音乐里，也将死在音乐里。

不管生活好坏，都往好的方面看。往好的方面看，珍惜它，并传递给所爱的人。这样对所有人都好。

我每天都很开心，笑得比别人都多。

生命中的任何事都有正面的意义，努力去发现它。

我不论断人。我乐意了解每个人身上最好的部分。

一个人之所以怯场，是因为他太关心别人怎么想。

1910年，爱丽丝开始学琴，那时布拉格的空气中都弥漫着音乐的气息。在布拉格，几乎爱丽丝认识的每个人家里都有一台钢琴，而爱丽丝自己家里那台，差不多占满了整间客厅。那台对小爱丽丝来说庞大无比的三角钢琴，是外婆芬妮的。不弹的时候，琴键总要盖起来，不洗手谁也别想碰。就寝时间以前，爱丽丝和二哥保罗常会举行非正式的演奏会。爱丽丝会演奏肖邦或施特劳斯的圆舞曲、舒曼《童年情景》中的几首曲子，再加上贝多芬的早期钢琴奏鸣曲。她和保罗一个弹钢琴，一个拉小提琴，一起合奏莫扎特或舒伯特奏鸣曲的几个乐章。兄妹俩还特别喜欢德沃夏克的《小提琴与钢琴小奏鸣曲》，这是德沃夏克根据在美洲听到的美洲土著旋律改编而成的。但苏菲嫌这首曲子异国味儿太浓。演奏会常常以德沃夏克的名曲《幽默曲》谢幕。直到现在，爱丽丝仿佛还能听见邻居们喊：

“快来呀，赫兹家的表演就要开始啦！”

对爱丽丝来说，在那些美好的日子里，布拉格就是音乐。斯美塔那和德沃夏克从民族、民间曲调汲取灵感，创作出伟大的音乐作品，将捷克绘上世界音乐地图；许多当代最优秀的艺术家在布拉格演出；音乐会和歌剧常常占据晨报头版，不容错过；门票总是抢售一空，就连穷人和大老粗也会买站票观看。有时，爱丽丝会存好几个月的钱，去买一张重要音乐会的门票。公务员、银行家、商人、医生、律师，甚至家庭主妇，他们当中的很多人演奏技艺高超，却属于布拉格的“业余爱好者”。“业余爱好者”一词来自拉丁语amator，意即“爱人”，对布拉格人来说，音乐就是头号爱人。业余爱好者每周会有既定的排练时间——神圣不可侵犯，演奏水平欠佳的人则参加合唱。当时最流行的大众娱乐形式是家庭音乐会，表演者既可以是专业人士，也可以是业余爱好者。事实上，朋友们往往会齐聚到一人家里，聆听新作品的发表，而专业作曲家就在席间。时至今日，爱丽丝也说不清是布拉格属于音乐，还是音乐属于布拉格。对她而言，将它们等同起来也许最为合适。

爱丽丝至今记得莫扎特首演《唐·乔凡尼》[1]的戏院，它宛

---

[1] 即《唐·璜》。——译者注

如一个金绿相间的华美珠宝盒，庄严地矗立在城市中央。途经戏院时，大姐艾尔玛总会指给爱丽丝和米茨看，告诉她俩布拉格是莫扎特最爱的城市。艾尔玛还会带大家去伯特兰卡农庄野餐，那里可是莫扎特写作《唐·乔凡尼》序曲时曾携妻停留过的地方！在农庄里，爱丽丝被允许触摸那台一百多年前莫扎特弹奏过的钢琴。指腹在光滑的琴身上划过，轻轻按下琴键，钢琴的音色依然如往日般柔和清脆，令人沉醉。

自爱丽丝7岁开始学琴，艾尔玛就充当了妹妹最初的老师，她培养了爱丽丝对练琴的热情。小小年纪的爱丽丝并未因自身的音乐天赋而懈怠或傲慢，她总是非常感激别人指出自己的错误，常常反复弹奏某一小节或乐句，直至精通。这一早期培养起来的学习态度和方式在爱丽丝的一生中都得以延续。艾尔玛非常自豪于妹妹的音乐天赋和努力，也很高兴别人夸自己是位好老师。

爱丽丝学琴两年后，艾尔玛将她引荐给自己的前任钢琴老师，当时布拉格最好的音乐教育家——瓦茨拉夫·斯捷潘。面试那天，爱丽丝为斯捷潘演奏了贝多芬某支奏鸣曲的一个乐章，斯捷潘听了赞叹不已，不仅表扬了爱丽丝，也夸奖了小老师艾尔玛。要知道，斯捷潘平素不教幼儿，但这次他被爱丽丝的演奏热情深深打动了，破例同意每月指导她一回，而艾尔玛继续每周给爱丽丝上一堂课，督促她练琴。几年后，斯捷潘正式收爱丽丝为徒。

虽然从布拉格德国音乐学院毕业时，爱丽丝拜在康拉德·安索尔奇门下，但斯捷潘一直在爱丽丝的职业生涯中给予指导和帮助。他为爱丽丝安排了首场独奏音乐会，由捷克爱乐乐团伴奏；指导爱丽丝弹奏肖邦的《e小调第一钢琴协奏曲》，并陪她排练；还邀请了日后成为爱丽丝好友的马克斯·布罗德出席。布罗德折服于这位年轻钢琴家超凡脱俗的表演风格和毫无瑕疵的演奏技巧，写了一篇热情洋溢的评论。这是爱丽丝所收获的众多好评中的第一篇。回想那些时光，爱丽丝说，每次在布拉格演出，她总会瞅一眼马克斯常坐的位置。只有马克斯在场，她才开始演奏。有人问她，怯场怎么办？爱丽丝不知如何回答，因为她从不怯场。“一个人之所以怯场，是因为他太关心别人怎么想，而非关注音乐本身。”她说，“我如果怯场，也只源于自己内心的挑剔。但只要开始演奏，这点顾虑也都消失殆尽了。”

由于爱丽丝的钢琴老师与那些不朽的大师只隔了一代，这

使爱丽丝得以近距离接触到勃拉姆斯、李斯特和肖邦身边的人。她在布拉格德国音乐学院的导师康拉德·安索尔奇曾师从技巧大师李斯特；爱丽丝的朋友、音乐学院创始人亚历山大·泽姆林斯基是勃拉姆斯的得意门生，曾收到勃拉姆斯亲赠的三角钢琴；爱丽丝曾向钢琴家威廉·巴克豪斯和莫里兹·罗森塔尔讨教，他俩都师从肖邦最出色的学生卡罗尔·米库利。

不过爱丽丝说，也不是所有的老师都这么棒。她曾报名参加著名钢琴家爱德华·史图尔曼的研讨班，这位钢琴家宣称：为了教授最富才华的学生，他能从维也纳跑去布拉格。史图尔曼钢琴大师班共十二节课，课时费需提前支付，但是看到大师授课时的冷漠与心不在焉，爱丽丝极度失望。她觉得自己什么音乐知识也没学到，白白浪费了时间和金钱。同样的经历爱丽丝在著名钢琴家阿图尔·施纳贝尔那里也遭遇了，这位钢琴家的“一小时教学”，花了爱丽丝整整一个月的工资，却令她倍感失望。最终，爱丽丝学会了相信自己的判断，她也从中学习到如何更好地去教别人。

德沃夏克《幽默曲》

德沃夏克的音乐以自然的新鲜感见长，纵然技法精妙、构思用心，却丝毫没有刻意的感觉，如同他对祖国捷克、对大自然和田园的爱，纯粹地发自心灵。这首《幽默曲》愉快、甜美、轻快，带着活泼的幽默感，让人仿佛置身于风和日丽的田间，呼吸之间是和煦微风，耳边鸟鸣婉转，人被大自然容纳，满心都是惬意和安然。

第三章

结婚

尊敬产生爱，在婚姻中，相互尊敬比浪漫的爱情重要得多。

答案并没那么重要，重要的是存在过的，在我的生命里留下的印记。

恐惧让我们放弃，勇气给我们机会！

享受性，享受快乐，享受爱情，但别被婚姻束缚。管好你的事业，过好你自己的生活。

一旦做了决定，就少回头。

不要让生活决定你的快乐。

𝄞…

爱丽丝从小就听母亲抱怨婚姻不幸福，因为弗里德里希不是苏菲理想中的伴侣。苏菲生性浪漫，热爱文学和艺术，可是弗里德里希则相对沉默，也没什么音乐细胞。苏菲当初放弃心爱之人，接受父母的安排，找了弗里德里希这位“合适的”丈夫，可是婚后只感后悔。在爱丽丝的眼里，弗里德里希是位好丈夫、好父亲，但是她也吸取母亲的教训，老早就决定自己选伴侣。

如果不是被生活的一拳重击，爱丽丝可能永远不会遇见她未来的丈夫。爱丽丝和特鲁德·克劳斯、黛西·科伦佩雷尔是打小就十分要好的朋友，可是黛西年仅20岁就因感染不治之症（这种病数年后用某种抗生素就可轻松治愈）猝然离世。爱丽丝陷入失去好友的悲伤之中，人生中极为少见地中断了练琴，这令她的家人、朋友十分担心。

黛西的葬礼过后不久，特鲁德交给爱丽丝一封信，这是特鲁德在汉堡的好友利奥波德·桑默特意写给爱丽丝的。“听听这个。”特鲁德展开信，为爱丽丝读了其中的几行。

利奥波德写道，虽然这个年轻姑娘的离世对爱她的人来说非常沉痛，但这一切对黛西来说也许并没那么可怕。他建议每个人都将死亡当作一个警示，多花时间审视自己的人生，思考究竟什么才是真正重要的。他提醒说，衡量一个人的价值，不是看金钱、功名成就，或其他肤浅的标准，而是要抓紧每一天，努力活出人生的意义。

这些话令爱丽丝很受触动，她重新开始练琴，还希望特鲁德介绍她认识利奥波德。

利奥波德是个小提琴业余爱好者，他的父母受过高等教育，生活优裕，住在祖传的别墅里。利奥波德读了商科，因为他觉得自己小提琴拉得不够好，当不了职业音乐家。由于英语说得地道，他的第一份工作是在一家英国进出口公司的汉堡总部工作。每年，他都会回布拉格几次，以探望父母。一次探家途中，利奥波德和爱丽丝都被特鲁德请来参加自己操办的家庭音乐会，利奥波德的弦乐四重奏放在前半场，中场休息后，爱丽丝上台演奏钢琴。就这样，特鲁德非常自然地介绍了自己的两位好朋友认识。

那天的音乐会结束后，利奥波德和爱丽丝终于有机会坐下来，一起喝了杯茶。第二天，利奥波德开始约会爱丽丝。爱丽丝钦佩利奥波德的聪慧过人、知识广博，并认为他是位安静平和、相貌英俊、极富魅力的男性。这对年轻人越来越喜欢和对方待在一起，利奥波德更频繁地回到布拉格。他相信自己的父母一定也会喜欢爱丽丝，于是很快在家里为爱丽丝举办了一场音乐会。对热爱音乐和艺术的人而言，还有比这更浪漫更合适的引荐方式吗。桑默一家对爱丽丝的到来表示由衷的喜悦和欢迎，他们都喜爱这个姑娘。

可是不久，无常再次发生在爱丽丝的生活中。爱丽丝的父亲弗里德里希突发心肌梗死，撒手人寰。听闻这个消息，利奥波德马上从汉堡飞奔到她身边，陪伴她参加葬礼。上天似乎有意催促这两个年轻人在一起。葬礼后，利奥波德开始回布拉格找工作。一次，在返回布拉格期间，爱丽丝和利奥波德享用了浪漫晚餐，听了一场精彩的音乐会，然后，他们沿着陡峭的台阶，登上了布拉格城堡。两人手挽手，注视着脚下这个灯火辉煌的城市。爱丽丝突然对利奥波德说，我想让你知道，我们今年晚些时候就会结婚。显然，这也是利奥波德的打算。对她唐突冒失的“不淑女”表现，他丝毫不觉惊讶，只问道，那咱们多快能结婚？

1931年，28岁的爱丽丝嫁给了利奥波德·桑默，从此爱丽丝·赫兹更名为爱丽丝·赫兹-桑默。这时，她已是一名成功的音乐会钢琴演奏家。爱丽丝和利奥波德都不注重繁文缛节，只是悄悄地在捷克市政厅注了册，经民事程序结为合法夫妻。在布拉格，只有世俗化的犹太人才这么做。当时，只有爱丽丝的哥哥保罗陪伴两位新人在场，而其他家庭成员，包括爱丽丝的妈妈，都呆在家里，筹备一场小型婚宴，准备在两人签署结婚证书后开席庆祝。

当天，爱丽丝头戴一顶米白色的钟形帽，身穿一件领口和装饰都是白色、剪裁合体的蓝色羊毛套装，披着时尚的长款外衣，脚踩高跟皮鞋，配象牙白色的长筒袜。一只小小的毛皮手笼，则挽在她戴着白色分指手套的手上。在这场婚礼中，唯一的传统标记是一束马蹄莲和玫瑰做的新娘捧花。

家宴开席之前，爱丽丝和利奥波德携手演奏了贝多芬的《第五小提琴奏鸣曲》，即《春天》。用这支曲子象征两位新人的结合再合适不过了。母亲苏菲做了烤鹅，里面放了葛缕子籽、野蘑菇，洒了上好的法国红酒——花费不菲。她还去全布

拉格最贵的面包房订了结婚蛋糕。苏菲穿着爱丽丝祖母留下的黑色天鹅绒曳地长裙，肩带绑在颈部，分外优雅。她还别上了一枚古董石榴石胸针，这是弗里德里希送给她的结婚纪念日礼物。作为寡妇和家中的女主人，苏菲给两位新人祝酒。她看起来很为女儿选中的丈夫高兴，并将这些年来为爱丽丝攒下的嫁妆赠予两人。嫁妆有数千捷克克朗，足够这对新人装修新居了，而爱丽丝夫妇的新居和她妈妈、姐姐的家相隔不远。利奥波德的父母则送给爱丽丝一架福斯特三角钢琴做礼物。

爱丽丝的婚后生活无疑是美满的，利奥波德一直待她爱护而忠诚——这在捷克男性中并不多见，她的职业钢琴家之路也走得有模有样。1937年，他们有了一个儿子。为了致敬老师斯捷潘，爱丽丝为孩子也取了这个名字（后来在以色列，斯捷潘将名字改成了希伯来语的“拉斐尔”，小名“拉斐”）。白天，爱丽丝练琴、给小孩子上钢琴课，利奥波德则在公司上班，闲时会作为业余爱好者参与室内乐演奏。晚上，他们要么听音乐会，要么看戏。周末，他们不是去布拉格当地的艺术馆，就是与朋友们欢聚。他们的公寓温馨舒适，三口之家彼此陪伴，还雇着一个保姆和一个厨师。一切都幸福得刚刚好。但是，好景不长，这个熟悉的世界很快就永远改变了……

现在，每当爱丽丝翻看自己放纪念品的盒子，就会拿出里面的一把锡汤匙，这是战后一位曾与利奥波德同居一处的男人送来给她的，他说那是利奥波德在集中营用过的汤匙。盒子中还有利奥波德的照片，俊朗的脸庞依旧年轻。

“我们是好朋友。我们在一起时感情很好。这份感情本可以与日俱增，日久弥坚。圣-埃克苏佩里有一句话说得很妙：‘爱并不是相互凝视，而是朝着同一个方向遥望。’”“大家都想知道战后我为什么不再结婚，”她解释道，“机会是有的，只是那时我一心挣钱养家、抚养孩子，也就顾不着了。”

“尊敬产生爱，在婚姻中，相互尊敬比浪漫的爱情重要得多。”爱丽丝说。

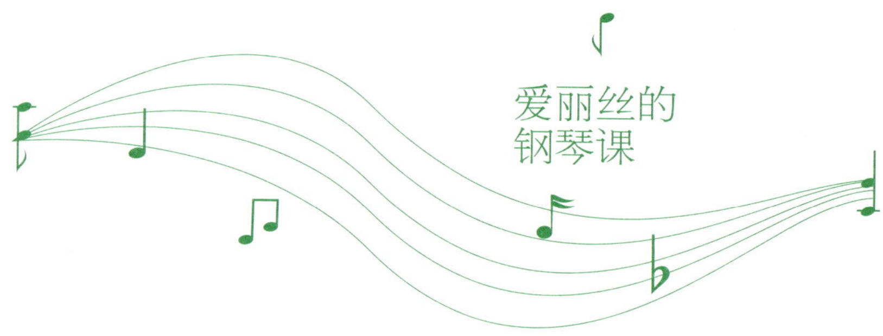

贝多芬《第五小提琴奏鸣曲》

《第五小提琴奏鸣曲》又名《春天》。贝多芬总是毫无保留地在作品中呈现自己的个性和一切感受，在这部早期作品中，贝多芬将春之朝气和万物蓬勃萌发之景，像画卷一般在人们眼前铺展开来。全曲充满了青春的朝气和乐观，明快中见轻松，活泼中见恬适，尽显青年贝多芬内在的生命热情和活力。

第四章

黑夜降临布拉格

不是世界不够好，是我们没有让它更好。

音乐让我们记住内心的自我，提醒我们自身的价值。

我们只能努力奋斗，争取公义。

对正在发生的事情保持沉默，这意味着丢弃个人荣誉。

你若爱人，人人爱你。

我们每个人都必须警惕头脑中的偏见与仇恨，防止这类言语脱口而出。

爱丽丝打小就喜欢与人亲近和聊天，她总是诚心地倾听每个人的故事，这种天性在她的整个生命中都得以呈现，让她日后无论身处何地，都能与人友好相处，交到彼此真诚相待的朋友。爱丽丝说：“我不论断人。我乐意了解每个人身上最好的部分。”

在爱丽丝的儿时记忆中，布拉格街头总是游荡着很多吉卜赛儿童，他们会向路过的行人讨要零钱或巧克力，一般人看见总会绕道，可是爱丽丝总想亲近他们。每当这时，她都会被大人拉回，还被严正警告：“他们脏。他们偷东西。”爱丽丝难过地说：“可他们对我笑呢，也许他们是饿了。”

后来，每当她为德沃夏克的《吉卜赛之歌》[1]伴奏的时候，荡气回肠的吉卜赛民间曲调总会让她想起那些吉卜赛孩子。如

---

[1]《吉卜赛之歌》是德沃夏克的歌曲集，全集共有八首歌曲。该歌曲集被认为是德沃夏克歌曲创作的顶峰，里面所有歌曲的歌词均取自波希米亚抒情诗人阿多尔夫·海杜克（1835—1923）的诗篇。

果我是个吉卜赛小孩会怎样？放逐是怎样的生活？……可是无论怎样充满想象力，她也不会想到，有一天自己作为捷克公民的权利会被任意剥夺，自己真的体会到吉卜赛人的流离失所。毕竟，那时的捷克斯洛伐克是一个自由、民主的国家，人人权利平等，连死刑都极为少见。

1933年1月30日，捷克的邻国德国任命阿道夫·希特勒为本国总理。半年后，希特勒以90%的投票支持率成为了德国总统，由其领导的法西斯独裁专政正式开始席卷欧洲。

自希特勒掌权后，爱丽丝周围的每个人都听到了从德国传来的政治新闻，因而惴惴不安。希特勒憎恶犹太人，甚至超过了吉卜赛人。起先，无论犹太人还是非犹太人，都并不怎么理会那些煽动性极强的演说、荒谬的种族法律和战争暗示。他们想，文明开化、注重等级观念的德国人如此重视高等教育，岂容一个骗子来领导国家？更何况，这个骗子只是一个住廉价小旅馆的高中辍学生，还没念过大学！自古以来，这个国家所尊重的政治家都是贵族式的、受过高等教育的、如同统一了德国39个州的奥托·冯·俾斯麦式的人物。人们确信，德国人绝不会任希特勒这伙人摆布。他们相信并希望纳粹的狂热会很快过去。行为正派的人们不愿相信，当希特勒签订协议，向他本想毁灭的犹太人做出承诺时，他是在撒谎。同样，那些本可以改变历史的英国、美国和欧洲的当权者，也都没能认清希特勒的邪恶本性，这其中包括丘吉尔和罗斯福；待他们有所警觉之时，为时已晚。

1938年，维也纳庆祝德奥合并，众人手挥万字旗，欢呼雀跃，此情此景，再乐观的人也不免心生警觉。整个欧洲的犹太人惶恐无助，只想逃离。他们急急忙忙申请签证出国，找寻避难之所。这年，爱丽丝即将35岁，可是一整年她都过得不顺心。彼时，她已经拥有了幸福生活的全部要素：一个儿子；美满的婚姻，和睦的家庭；学生勤奋用功，职业前途一片光明。与许多被同化的犹太人一样，爱丽斯夫妇仍然觉得，有捷克斯洛伐克军队的保护，生活还是相对安全的。此外，捷克与德国的边境交界处是一片山区，守军壁垒森严。这一切令爱丽丝夫妇相信，捷克能保护自己国民的安全。所以，当朋友马克斯·布罗德——他多年前已是一名坚定的犹太复国主义者——劝爱丽丝和两位姐姐带着全家随他一同移居巴勒斯坦时，爱丽丝拒绝了。她和丈夫不愿冒险去一个陌生的国度安家落户，尤其还带着幼子；再有，母亲苏菲已经年老体迈，身体衰弱，无法经受远渡重洋的颠簸之苦，生活上也需要人照顾。爱丽丝的大哥乔治，生活颓废，沉迷于赌博酗酒，由于酒精中毒引起的并发症，已于1931年去世；二哥保罗因为娶了一位匈牙利天主教女子，两人受到不同种族法律的限制，从未找过工作，而且夫妇二人沉迷赌博，更加不可托付；此外，爱丽丝仍然相信英法条约，按照盟约，英法两国承诺会保卫她的祖国。最终，虽然姐姐们决定和布罗德一起走，但爱丽丝选择留在布拉格。

当时，对所有想要进入巴勒斯坦的人，英国都要按人头征收落地费，折合成当时的通货，相当于每人十万美元。为了资助两个女儿移民，爱丽丝的母亲变卖了大部分家财。爱丽丝也取出一大笔积蓄，支付姐姐全家的出境费用。

1938年9月29日，英国首相张伯伦和法国总理达拉第采取了对希特勒姑息绥靖的政策，他们在与希特勒的联席会议中背弃了与捷克斯洛伐克的盟约，同意希特勒吞并捷克斯洛伐克的大片领土，即苏台德地区，希望以300万捷克公民的家园，换取希特勒的承诺——不再对欧洲其他地区有进一步的领土要求。大多数历史学家认为，如果当时捷克、法国和英国三国联手，完全可以击溃德军，避免战争升级到整个欧洲战场。反观德军，当时其实装备不良，进军布拉格时，德军坦克甚至一度中途抛锚。但是，英法两国首脑还是牺牲了捷克的民主，将之献祭给纳粹独裁者。张伯伦吹嘘说他达成了“荣耀的和平，时代的和平”[1]，但众所周知，这一无耻的“荣耀”转瞬即逝。10月1日，希特勒的军队占领苏台德区。

1939年3月的一个雪夜，马克斯·布罗德和爱丽丝的两个姐姐携家人登上了德国占领前最后一班离开布拉格的列车。按照计划，列车先开到那不勒斯，然后他们再乘船前往巴勒斯坦。是夜，列车穿越整个捷克斯洛伐克，接近苏台德区，于午夜时分停靠在捷德边界的捷克一方。但那里已被纳粹军队占领。党卫军持枪登车，一节节车厢仔细搜查，最终才放行。

第二天，即3月15日，布拉格漫天大雪，整座城市沉闷凄凉，异常安静。捷克总统贝奈斯与自由捷克政府流亡英国，捷克士兵和伞兵部队加入了英军作战，捷克斯洛伐克本土简直毫无防范。希特勒军队的一辆辆坦克和卡车，载着挥舞着纳粹旗帜的士兵，公然开进布拉格。捷克斯洛伐克不复存在！它从此成为大德意志帝国的保护国之一，必须严格执行纳粹政权所颁布的敌对种族法律。

据说，当时在布拉格，为了阻止坦克进城，曾有许多妇女躺在雪地上，但这些努力不过是徒劳而已；有人带头唱起庄严的捷克国歌，人民泪流满面。爱丽丝从新闻广播里听到外面的

[1] 引自张伯伦1938年8月30日的演讲。

情况，她立刻走出家门，来到她位于市中心瓦茨拉夫广场的朋友家，那里可以看到正在发生的一切。翌日，她站在人群里，亲眼看见阿道夫·希特勒踏进了这个本属于她的城市。万千感受萦绕心头，无以言说，她疾走两英里回到家，和两岁的儿子玩耍起来。

爱丽丝现在面对的，是犹太人的全民公敌。她发现，希特勒的恐怖主义不但恫吓着犹太人，她的一些非犹太裔朋友和邻居出于生命安全考虑，也开始疏远他们。1941年，做进出口生意的利奥波德被公司开除，因为他是犹太人；拉斐不能上捷克幼儿园，不能和非犹太裔孩子一起玩，因为他是犹太孩子；犹太人不能装电话机、不能买收音机、不能骑自行车；犹太人的每件衣服，都得绣上黄色的星星。

起初的一段时间，爱丽丝的很多非犹太裔学生并不理会纳粹的禁令，仍继续来她家上课。但几周后，这种视而不见对师生来说都愈来愈危险，他们只能伤感作别。爱丽丝本就微薄的收入现在更所剩无几。留下的犹太学生依然准时上课，在爱丽丝的温暖鼓励下倍感安慰，直到有一天，他们也没能幸免被纳粹驱逐。

爱丽丝住的公寓里，几个纳粹家庭搬了进来，其中的赫尔曼一家住在爱丽丝家的楼上。赫尔曼家5岁的约翰·赫尔曼与4岁的拉斐成了好朋友，两个孩子常常一起玩耍，分享彼此最好的玩具，一起看书，一块儿喝两位母亲自制的羹汤。他们从不去对方家里做客，走廊是他们最常相聚的地方。两个小男孩都说德语，都穿短裤衩，都长得胖嘟嘟的。有时到了中午，如果四下无人，赫尔曼太太会看着两个孩子在院子里捉迷藏。她是个十分贤惠的妻子，煲得一手好汤，用的食材也是普通捷克人无法搞到的美味。如果碰上雨天，爱丽丝在练琴，赫尔曼太太就会在楼梯间读书给两个孩子听。

爱丽丝很少看见赫尔曼先生。他是个纳粹党员，在盖世太保布拉格总部工作，每天深夜或清晨就出门了。他不穿制服，但爱丽丝曾在公寓门口看到他向一个长官行纳粹礼。

1941年，阿道夫·希特勒在布拉格的一次秘密会议中，向内部公布了他的“最终解决方案”：“先将波西米亚和摩拉维亚的犹太人集中到中转营，然后扫除出去……特莱西恩施塔特（一次）可以容纳五至六万犹太人。从那儿把他们运到东部去。”这年，利奥波德发出了现存于世的、他人生中的最后一封信。在这封从布拉格寄往巴勒斯坦的信中，利奥波德告诉姐夫费利克斯·韦尔什，当他写这封信时，爱丽丝正在隔壁屋里准备音乐会，正在弹奏贝多芬的《第31号奏鸣曲》[1]。“我们都挺好的，就是斯捷潘有点儿感冒。小家伙整天说个不停，见什么都往上爬。他已经弄坏两把小提琴了，还跃跃欲试地想摆弄钢琴，我俩简直拽不住他。”

1942年年初，爱丽丝的妈妈和利奥波德的父母是第一批接到特莱西恩施塔特驱逐通知的犹太裔捷克公民。爱丽丝陪母亲去往集合地点。眼看着72岁的老母亲被带去充满死亡阴影的地方，而自己却不能为之做什么，她心如刀绞，经历了“人生中最低落的时刻”。

同一时期，利奥波德在“布拉格犹太委员会”任职，该委员会也受纳粹管辖。自从新的纳粹法颁布后，利奥波德就丢了工作。他计划在中立国比利时开家新公司，因为公司一旦成立，他就可以把全家接到布鲁塞尔。但1940年5月10日，这个计划也落空了，因为希特勒的军队占领了比利时。利奥波德只能逃回布拉格。身为犹太人，“布拉格犹太委员会”是利奥波德唯一的工作机会。利奥波德和同事们毫无办法，只能遵循盖世太保的命令，编制犹太人驱逐名单。尽管在一段时间里，由于工作之便，爱丽丝和他的名字幸免出现在驱逐名单上，但他

[1] 即《降A大调第31钢琴奏鸣曲》，创作于1821年。

们都知道，终有一天，犹太委员会的工作人员一样会被驱逐，委员会会被永久关闭。到了1943年，布拉格几乎已是“无犹之城”，驱逐令落到利奥波德全家头上是迟早的事，尽管他尽可能地拖延着这一天。

桑默一家的驱逐令是由普通邮政送达的。1943年7月3日，桑默一家被召唤集合，即将被驱逐到特莱西恩施塔特集中营。爱丽丝希望能在那里见到母亲，她并不知道此时苏菲已被转送至东部死亡集中营。

两天之后，他们就要离开布拉格了。但即使在那个时刻，爱丽丝也不愿放弃希望。她曾听布拉格犹太委员会的人说，在特莱西恩施塔特，有专门为犯人举办的音乐会。于是她安慰自己：“我们还能办音乐会呢，能有多糟？”在余下的两天里，爱丽丝就像要准备大型欧洲巡演般拼命练琴。她顾不上吃饭，一遍遍弹奏贝多芬的奏鸣曲和肖邦的练习曲，直至精疲力竭，倒在家里的毕德迈大沙发里，思忖起未知的将来。

桑默一家被驱逐的消息很快传开了。翌日，一些朋友和熟人前来道别，脸上的释然清晰可见：谢天谢地，被驱逐的是他们，不是我们。保罗和妻子玛丽与爱丽丝独处了一会儿，然后拥抱道别。爱丽丝对他们说，公寓里的东西，你们想拿就拿走吧。但这行不通。保罗夫妇的房子太小，再放不下别的东西了，而且保罗是犹太人，还是谨慎点好。这场告别，没有人过问爱丽丝的感受，没有人带炖牛肉做晚饭，没有人请她再演奏一曲。他们就像是拍卖会上的准买家，在公寓里东挑挑西拣拣，从一间屋逛到另一间屋，瞅瞅壁橱，翻翻碗柜，搬走这张桌子，拿走那套碗碟，全然不问爱丽丝的意见。一个女人从墙上摘下油画，另一个抱起古董花瓶；一个邻居走出卧室，手里攥着一条刚翻出的金项链，另一个住在街那头的“邻居”从前者手里抢过项链，嘴里直嚷嚷：“这是我的！爱丽丝让我替她保管的！”

他们打着“保管”的旗号，把爱丽丝家里所有能搬的东西都搬走了。爱丽丝只是看着。一些人装了一车日用品，运到街上；另一些人和房东争椅子、抢地毯。爱丽丝知道，她再也见不到这些本属于她的财物了。而且待她和家人走后，纳粹还会来检查公寓，收走她最珍贵的宝贝——钢琴。过了今天，桑默一家就没有名字，也没有国籍了。从此之后，他们就是三个驱逐号：DE166、DE167、DE168。

1943年7月5日，桑默一家被运往特莱西恩施塔特集中营。当天深夜，大部分住户已经熟睡，爱丽丝听到有人敲门，她打开门——是赫尔曼夫妇。赫尔曼夫人对爱丽丝说："您要启程了，我们准备了些蛋糕。"那是一个苹果酱蛋糕，刚从烤箱里拿出来，还是温热的，蛋糕上点缀着甜甜的烤苹果，散发出肉桂和丁香的香味。爱丽丝知道，制作这样一块蛋糕要用去不少鲜鸡蛋、黄油和尤其珍贵的糖，在这样特殊的战争年代，实在是慷慨之举。更何况，赫尔曼先生可能还会因此受到严厉惩处。因为，对犹太人，是不能发任何善心的。

爱丽丝请他们进屋，赫尔曼先生瞥了一眼窗口，确定没人看见。爱丽丝抱歉地说，已经没有椅子让他们坐了。赫尔曼夫妇就席地而坐，请她为他们弹奏一曲。爱丽丝将三支曲子组合起来，弹给他们听。先是肖邦的《降b小调夜曲》，然后是贝多芬的奏鸣曲《告别》的第一乐章，最后是肖邦如诗的《第三练习曲》[1]。

"谢谢您，桑默太太。"赫尔曼太太说，"我们会想念您演奏的音乐。我们一直爱听您练琴。时事艰难，可您让我们的日子没那么难过了。请您一定保重，一定要平安归来。也许哪一天，我儿子还能跟您学琴呢。"最后，赫尔曼先生将孩子们玩过的足球送给爱丽丝。"我听说您家的拉斐喜欢踢球。"他说。

---

[1] 又名《离别曲》。——译者注

他们没有握手，但是爱丽丝几乎确定，她看见赫尔曼太太转身离开时，眼里闪着泪花。

在特莱西恩施塔特集中营的门口，纳粹士兵手持冲锋枪。丈夫和妻子被强制分开，利奥波德被赶到男人一边。拉斐大声喊道："妈咪，我不喜欢这儿。我想回家！"幸运的是，纳粹守卫听不懂捷克语。爱丽丝被无家可归的人流卷来卷去，她吩咐拉斐："抓紧我的手，别放开！记住，只能说捷克语，假装你不懂德语。"她人生中第一次感到害怕——害怕失去她那6岁的淘气小祖宗。"这噩梦怎么就降临到我头上来了呢？"她不停地自问。

爱丽丝的钢琴课

德沃夏克《E大调第九交响曲》

《E大调第九交响曲》又名《自新大陆》，是德沃夏克暂居美国时的思乡曲。在这部融入了波西米亚音乐、黑人灵歌和印第安民谣的作品中，德沃夏克一方面感受着美国这个“新大陆”的粗犷、爽朗和自信，一方面将祖国的波西米亚芬芳巧妙地渗入其中。听着听着，之前豪放、忙碌的美国景象，渐渐被捷克的田园所替代，关于捷克的记忆和牵挂就这样清晰、浓郁起来……

第五章

特莱西恩施塔特

每个人都能选择善恶。选择权在我们自己，在我们每一个人的手上。

无论发生什么，母亲的爱是孩子抵御外部世界的唯一屏障。

音乐是我们的支撑力量，是我们凭借自身技巧，去激励他人的方法。它超越了批评，超越了任何肤浅的评价。我们就是音乐。

艺术家的工作永远没有终点。生命亦然。

精神具备抵御现实苦痛的力量，一切存在都有它的缘由，抱怨于事无补。

没有一种黑暗是完全看不到亮光的。

特莱西恩施塔特不同于一般的集中营。1940年6月10日，盖世太保控制了特雷辛——一个距离布拉格一小时车程的小镇。他们立刻动手，准备将这座高墙环绕的18世纪驻防小镇变成犹太人定居点，将毗邻的稍小些的堡垒改成关押政治犯的监狱。1940年年底，纳粹强行驱离了所有小镇居民，运来一批年轻力壮的犹太犯人，将小镇改建为集中营。这座集中营在德语里被称为“特莱西恩施塔特”。

按希特勒的构想，特莱西恩施塔特将作为“典范”的集中营存在，它是希特勒为掩盖纳粹大规模屠杀欧洲犹太人的罪行而设的。为奉行这一指令，纳粹高官莱因哈德·海德里希[1]和阿道夫·艾希曼[2]狡猾地将这里设计成一座温泉小镇，宣传犹太人

❶ 德国纳粹党卫队的重要成员之一，地位仅次于希姆莱。因行事极其残酷，而有“金发的野兽”“纳粹的斩首官”“第三帝国的黑王子”等恐怖称号。

❷ 纳粹德国的高官，犹太人大屠杀中“最终解决方案”的主要负责人，被称为“死刑执行者”。

在此可安居乐业，远离战火。作为这个诡计的一部分，特莱西恩施塔特是唯一一处犹太人需要提交入住申请、获得特权并自理路费的集中营；犹太人甚至可以在此以高价购买山景房或湖景房，抬眼即享平静湖色，出门就见壮阔山峦。当然，这只是纳粹在杀人前没收犹太人钱财珠宝的又一个鬼把戏。这座“典范的”集中营于1941年11月24日正式建成。

爱丽丝夫妇还在布拉格的时候，就听到传闻，说特莱西恩施塔特实际上是纳粹的一个幌子，它既是一个犹太人定居点，也是一座集中营。那里疾病肆虐，环境恶劣，污水横流，死亡时有发生。随着首批活人货物被从特莱西恩施塔特转运到东部死亡集中营，传闻背后的真相逐渐浮出水面：捷克斯洛伐克的犹太公民——包括音乐家、文学家、科学家和教师——住的根本不是什么舒适的公寓，而是被成群驱赶到密不透风的房间里，没有隐私，没有卫生设施，没有食物。大多数囚犯不是被赶入一排排人满为患的平房，就是被赶到小镇民居，挤在原先只容得下一个家庭的小房子里。有些新来的犯人还被塞进了原先的小镇办公大楼和学校。一开始，犯人所面临的最大问题就是集中营缺少马桶。等候如厕的人排起长龙，而且犹太人不得使用厕纸。即使是生病的孩子和老人，也不许优先。

在纳粹军官的严格监管下，很多被布拉格犹太理事会送到特莱西恩施塔特的犹太人都是音乐家、艺术家和作家。虽然集中营一开始严禁演奏音乐，但他们一到特莱西恩施塔特，就秘密办起了音乐会。许多音乐家想方设法将自己的乐器偷运进集中营。一位艺术家为了藏起大提琴，甚至把琴整个肢解，分块藏进衣服带入集中营，再用胶水一块一块把琴粘起来。尽管艺术家们小心翼翼，只偷偷摸摸地在阁楼或地下室即兴演出，但还是被发现了。出人意料的是，他们未受惩罚，反被命令频频登台。

纳粹意识到，温泉小镇，再加上音乐和艺术活动，拿这个噱头做宣传，效果肯定差不了。他们企图由此向外界证明，犹太人在这儿一切都好。于是，他们命令犯人组成“业余生活委员会”，在集中营举办音乐会、讲座和其他文艺活动。一份份印刷粗糙的海报贴到了平房里，挂出演出节目单。因为反响热烈，门票是分配的（犯人没钱买票），以控制观众人数。而音乐评论家则被鼓励撰写乐评。由于在特莱西恩施塔特的犯人里音乐家人数众多，不久就有四个可以同时演出的交响乐团了。在整个欧洲的纳粹占领区里，特莱西恩施塔特是唯一一处可以演奏爵士乐的地方——纳粹称爵士乐是“堕落的音乐”而严禁演奏，因为爵士乐来自美国，而且爵士乐表演者常是黑人和犹太人。

到达特莱西恩施塔特集中营的第三天，爱丽丝被叫去准备下周的独奏会。“但我得花时间练琴啊。”她回答对方。然后，爱丽丝获得了一个至今想来都不可思议的应允——纳粹允许她在每天的强制劳动开始前，练一小时琴。

第二天，爱丽丝找到了琴房，她分配到的练琴时间是每天早上9:00—10:00。爱丽丝一刻也不愿耽误，立刻弹起肖邦的练习曲，不料却发现踏板踩不动，有几个琴键也卡住了。她不愿放弃，很快适应了钢琴的缺陷，忘我地演奏起来，完全进入了音乐的世界。“至少，现在我有琴可弹，我很开心。”她想。

爱丽丝闭起双眼，投入地练习，深深沉浸在《降A大调练习曲》的旋律中，根本没有听见开门声，有人走进来。甫一停下，她就听见一个熟悉的声音喊道：“太棒了，爱丽丝。而且你弹的还是架破钢琴。”——是汉斯·克拉赛，一位英俊的作曲家，现在是集中营“业余生活委员会”音乐部门的主管。爱丽丝之前在布拉格就认识他，他那时就认为爱丽丝是位举足轻重的钢琴家。数月一别，克拉赛愈加苍老，消瘦了许多。“能在这儿遇见您真高兴。您还好吗？”说完，爱丽丝的眼泪再无法抑制。

自从来到特莱西恩施塔特，爱丽丝就一直在寻找母亲，她时时找，处处找，见到每个人都会问是否见过她妈妈，即使她已发现集中营的可怕真相。克拉赛与爱丽丝的母亲相识，但他并不知道答案，他报之以捷克式的幽默说：“很抱歉我不能请您去我的城堡坐坐了，但我能在这儿听您练琴吗？”

因为时常参加音乐会，爱丽丝发现，弹琴的时候，总有纳粹士兵站在后排或窗外听。她忍不住对这些年轻人产生了好奇：他们看着年纪不大，有的还很英俊，踩着铮亮的黑靴，穿着灰色的夹克，夹克上却是对爱丽丝来说与死亡无异的标记。他们的父母是谁？他们为何到了这儿？他们怎能既热爱音乐，同时又戴着十字标记、为恶人服役呢？他们中的一些，眉头轻蹙，表情顺从，充满困惑，和那些在英国作战的捷克小伙子一模一样，明明还未脱稚气啊。他们真的憎恨犹太人吗？他们是自愿参军，还是被迫？他们相信纳粹的宣传吗？抑或，他们和她一样，只想活下来，活着回家？

几个月过去了，几张年轻面孔逐渐熟悉起来。爱丽丝发现，某个士兵甚至为她鼓掌，直到他身旁的战友戳戳他，提醒他无论是欣赏犹太人，还是欣赏犹太人的其他什么东西，都是不行的。一天夜里，爱丽丝离开马格德堡军营，正要返回住处，一个年轻的军官走了过来。他个子很高，瘦削，头发又黄又直，比大多数士兵都长。爱丽丝觉得，看长相，他就像一位胸怀大志的诗人。“打扰了，”他说，“我得谢谢您。您的演奏简直无与伦比。”爱丽丝看着他，点头致意。两人就在夜色中分开了。

回去之后，爱丽丝很自责，她怪自己当时没有好好谢谢那个军官。他竟敢说出这些赞扬犹太人的话，也不怕口吐善言会给自己惹下祸端。爱丽丝在之前就注意到，狱友们一看到她对纳粹士兵礼貌一点，就会对她恶言相向。但从那天夜里开始，她决定做回自己。她要平等地对待每个人。如果纳粹赞扬她，她也会报以感谢，和对待其他人一样。

在遇到那位纳粹军人之后差不多一年，爱丽丝又演奏了一场贝多芬作品音乐会，可谓精彩绝伦。音乐会结束后，一个年轻的士兵等在黑暗的门口，他开口说话，吓了爱丽丝一跳。“您是钢琴家桑默夫人吗？”

爱丽丝边走边回答：“是的，我是桑默夫人。”

“请留步。”他下命令。

被这个拿枪的男人拦住去路，爱丽丝只得停步。“我得和您说句话。您别害怕。”

爱丽丝毫不回避，盯着他的脸问道：“你想做什么?”

“桑默女士，”他用德语继续说道，“我来自一个音乐世家。我妈妈钢琴弹得很好，她带我去听过很多场音乐会，我懂音乐的。我只想谢谢您的演奏。您的演奏对我来说意义非凡。”

爱丽丝笑起来，低声回答：“谢谢。音乐对您有用，我也很高兴。”有那么一瞬间，她看见了一个心怀恐惧的年轻人。若不是那身制服将他们分隔开来，兴许，他们还能做朋友。“我得走了。”她说。

看四下无人盯梢，那个士兵继续说道：“请稍等，还有一件事。我想告诉您，您和您的儿子不会出现在任何驱逐名单上。你们会一直呆在特莱西恩施塔特，直到战争结束。别害怕，你们会平平安安的。”说完，他转身离开了。

爱丽丝再也没有见过他，也不知道他的姓名和军衔。他后来被派去前线了吗？他现在还活着吗？……一切无从得知。

战争结束后，人们在纳粹的战时记录中发现了奥斯维辛集中营的驱逐名单。爱丽丝和拉斐的名字，没有出现在任何一份驱逐名单中。

爱丽丝一直在想，那个挽救了她性命的年轻纳粹军官，是以什么样的代价保全了她和拉斐？赫尔曼一家又经历了什么？如果他们一家在战争中活了下来，他们的儿子现在怎样了？半个多世纪过去了，关于这些人的回忆仍然萦绕在她的心头。而这些疑问，都将在生命终结时被带走。她说，我并不是非知道答案不可，答案并没那么重要，重要的是他们实实在在存在过，在我的生命里留下了印记，他们曾给予我力所能及的善意，我对此充满感激。

爱丽丝与卡罗琳·斯托辛格

爱丽丝的钢琴课

贝多芬《降A大调第31钢琴奏鸣曲》

这首充满深沉的悲叹味道的曲子，被认为是贝多芬的自白。创作此曲时，贝多芬已经完全失聪。全曲丰富的情感表达，如同贝多芬的心境的写照。悲伤与淡然，痛苦与信念，阴霾与明朗……所有的矛盾对立组成了一个情感丰沛的贝多芬——一位在变幻莫测的生命中，浪漫、不屈的斗士。

第六章

《布伦迪巴》

我是犹太人，但我信仰贝多芬。相对于说出来的信仰，如何真实地生活更重要。我的生活就是贝多芬。

爱是活下去的支柱，因此，永远、永远不能让孩子怀疑你对他的爱。

没有人是完全的好人，也没有人是完全的恶人，一切问题都在于人怎么应对本性中的善恶两面。

做自己。平等地对待每个人。

我活下来，不是为了活在过去，整天把自己和其他人弄得凄凄惨惨的。

每个人都要为自己的言行负责。

在大规模驱逐开始以前，由于纳粹禁止犹太音乐家演出，布拉格的音乐会转移到一些秘密场所。到1939年后期，布拉格犹太孤儿院也成为其中一处据点。孤儿院剧场能容纳150人，但是，就算天黑了，人来人往、进进出出也十分危险。为了不被逮捕，很多观众看完演出，干脆席地而睡。音乐会的气氛与白天现实生活中的限制、羞辱、朝令夕改和任意逮捕形成了强烈反差。在这所孤儿院里，爱丽丝多次举办过整场独奏会。

“我的观众不仅想听贝多芬、舒伯特和捷克作曲家的作品，还想听纳粹禁止的门德尔松。什么禁令，我们才不管呢。我们不听他们的。你想象得到吗？”她说，“希特勒想抹去对门德尔松的一切记忆，而就在一个世纪以前，门德尔松还是德国的英雄。一切的改变，都因为他是犹太人。”“1936年11月10日，就在托马斯·比彻姆爵士指挥演出当晚，那些褐衫党竟在莱比锡音乐厅前烧毁了门德尔松的乐谱，砸掉了他的塑像，扔掉了他的肖像画。他们当时在想什么？尽管如此，人们还是坚持认为，局势不会再恶化了。希特勒政权已经背离常轨，而我们早该问问：既然纳粹能对死者这样，对活着的犹太人又会如何？”

应孤儿院院长之子鲁迪·弗罗伊登费尔德邀请，爱丽丝也为小观众做过几场表演。鲁迪是学校老师，曾为许多从波兰和东欧国家送到布拉格的孩子提供志愿服务，他们的父母误以为孩子呆在布拉格会更安全。由于希特勒禁止犹太孩子接受教育——无论公共教育还是私人授课都不行——导致孩子们没学上，整天闲着没事儿做。

1938年，汉斯·克拉赛曾以朋友阿道夫·霍夫迈斯特编纂的一个童话为蓝本，写过一出小歌剧，但该剧之前从未上演过。克拉赛和霍夫迈斯特根据歌剧主人公的名字，给这出单幕剧起了个名字，叫《布伦迪巴》，即捷克语的“小蜜蜂”。不知为什么，纳粹并未禁止儿童艺术活动，于是克拉赛和霍夫迈斯特主动提出，可以让小家伙试试唱歌剧，也好有事可做。虽然孩子们不被准许在户外玩耍，但布景制衣、揣摩角色、排练演出这些活动，正好可以驱散他们的不快。准备工作很快开始，歌剧首演定在了孤儿院。1942年初，孩子们为一群小观众做了首次全程彩排表演。之后，这些孩子，连同他们的老师、克拉赛、霍夫迈斯特和弗罗伊登费尔德，都被送进了新建成的特莱西恩施塔特集中营。

在特莱西恩施塔特的头几个月里，爱丽丝还能弹弹室内音乐会，但没过多久，很多弦乐手就被送去了奥斯维辛集中营。奇怪的是，尽管又脏又饿，但爱丽丝从未放弃希望。她每天去工厂强制劳动、演出、照顾拉斐，一有机会，她就给拉斐和其他孩子上基础钢琴课。与此同时，克拉赛决心再次将《布伦迪巴》搬上舞台，让几千个孩子有事儿做、有东西玩。弗罗伊登费尔德把钢琴谱偷偷带进集中营，克拉赛为参演的13名乐手重排了一出管弦乐版的《布伦迪巴》。这真是一个非同凡响的演出阵容，老少乐手混在一处，小提琴、大提琴、钢琴、手风琴和小号……什么乐器都有。10岁的丹麦男孩保罗·桑福德被选出来吹小号。对这个年龄的孩子来说，吹小号可没那么容易。但弗罗伊登费尔德教会了这个孩子，而他自己则指挥演出。

爱丽丝估计拉斐也会喜欢表演，就请克拉赛给他安排了一次试演。拉斐嗓音清脆，音高完美，捷克语发音标准，最终得到了一个小麻雀的角色。那时，拉斐7岁，是年龄最小的演员。

《布伦迪巴》是一出道德童话剧，讲的是一个很简单的正义战胜邪恶的故事。佩皮塞克和安妮卡的妈妈得了重病。医生叮嘱他俩，要给妈妈喝牛奶，不然妈妈就会死去。但两个孩子没有钱。看到街头手风琴师布伦迪巴在街角拉琴，两个孩子就唱起歌来，希望村民们能施舍点零钱给他们。但是残暴的布伦迪巴把他们赶走了。

这时，一条狗、一只猫和一只麻雀前来帮忙。佩皮塞克、安妮卡、三只动物和附近的孩子们一起，唱起了摇篮曲。人们大为感动，纷纷塞钱给他们，但布伦迪巴马上就把钱偷走了。所有的孩子和动物一起追赶布伦迪巴，终于找回了钱袋。歌剧结尾，孩子们唱着胜利的进行曲，战胜了希特勒的化身——布伦迪巴。

全体观众都沉浸在歌剧寓意丰富的抗争中。纳粹曾下令，所有歌剧必须以德语演出。但奇怪的是，全部55名《布伦迪巴》的演员就在他们眼皮子底下用捷克语唱着歌，他们竟视若无睹。大概是纳粹不愿自找麻烦把剧本翻译成德语吧，他们想当然地认为，一出全由犹太小孩演的戏，能有多了不起？

更讽刺的是，这出小歌剧还被纳粹拿去宣传。1944年，瑞士红十字会来视察，《布伦迪巴》被选作特别表演。这年，在纳粹的宣传电影《元首赐予犹太人一座城》中，拉斐就出现在屏幕上的前排最左边。他站在箱子上唱歌，是全剧年纪最小的演员。自从参加过演出，小拉斐时而会嚷嚷“长大了，我要当演员”。爱丽丝注意到，参演《布伦迪巴》后，拉斐和很多小演员都变得更加坚强了。“孩子们在演唱时，能融入舞台的神奇气氛中，觉得自己就在家里。有那么一会儿，他们会忘记饥饿，忘记害怕。”爱丽丝说。

现在，《布伦迪巴》是唯一一部世界级的儿童歌剧，它是写给孩子们的，也全部由孩子担纲演出。全世界的歌剧团和学校都在不断上演着这部歌剧。

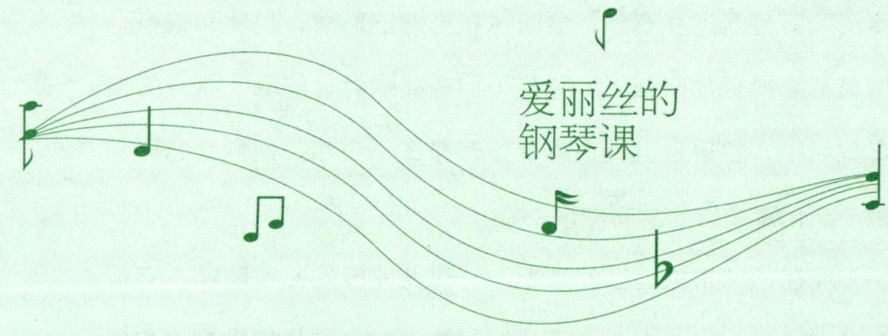

贝多芬《第九交响曲》

《第九交响曲》被公认是贝多芬在交响乐领域的最高成就。这首波澜壮阔、气势非凡的曲子，浸透着浓浓的人类情感，激越、悲愤、庄严、神圣……贝多芬以自己对命运的丰富感受力，成就了这部人类心灵的史诗。正如他墓碑上铭刻的奥地利诗人格利尔巴采的题词：“当你站在他的灵柩前的时候，笼罩着你的并不是悲伤沮丧，而是一种崇高的感情；我们只有对他这样的一个人才可以说，他完成了伟大的事业……”

第七章

音乐是我们的食粮

纳粹不会明白，音乐给予表演者和观众多少慰藉，多少希望，比起他们的恐怖镇压，音乐的力量要强大千万倍。

我们不伟大，我们就是自然而然地这么做了。我们努力坚持工作，坚持演奏，一如往常。不练琴简直不可想象。

我们还活着。我们还有音乐。没有人能夺走这一财富。

音乐就是生命。

不要生活在悲惨之中，也不要向别人传递这种信号。

抱怨于事无补。它只会让每个人感觉不好。

♭…

有段时间，被关押的犹太人在地下室和仓库里发现了几台不错的钢琴，就把琴搬进了前市政厅的几间大屋子里，还留了一台在平房——就是《布伦迪巴》的首演地。偶有重要人物来访，纳粹会从储藏犹太人充公财物的仓库里搬出一台更好的。一位心灵手巧的狱友会定期给钢琴做保养和调音。到了1944年年中，爱丽丝的指定练琴时间增加到了每天两小时，这意味着她可以演奏更多音乐会了。爱丽丝为乐曲伴奏时，拉斐会帮她翻谱子。小家伙判断准确，动作麻利，后来成了许多音乐家的专用翻谱员。

从1943年夏到1944年秋集中营解放，爱丽丝共计演出一百多场。绝大多数钢琴独奏曲，都是她凭记忆演奏出的个人保留曲目。爱丽丝的音乐会曲目通常包括一首贝多芬的奏鸣曲、一首肖邦或舒曼的作品、几首捷克作曲家的作品。爱丽丝欣赏贝多芬，她赞扬他的深度、勇敢和才华：“在集中营弹奏贝多芬的时候，我觉得我是在以此抗议纳粹的灭绝人性。我能感觉到观众正在坚守那些美好回忆，我们一起呼吸，一同感受。”“我是犹太人，但我的宗教是贝多芬。一旦信仰了贝多芬，我不再是我，躯体已无法抵御这种改变。”

有几次，爱丽丝一次性演奏了肖邦的全部24首练习曲。即便在状态最佳之时，这也是个令人望而却步的任务。有乐评家称她为“肖邦的神镜”，赞美道：“只有一位诠释者可以传递出肖邦年轻时代的那种忧郁和甜美，以她天生的完美让乐曲流芳百世……她就是音乐家赫兹-桑默女士。”

在特莱西恩施塔特，维克多·乌尔曼[1]被指派负责《业余生活》杂志的音乐评论，并安排钢琴家的练琴时间。听音乐时，乌尔曼总会手握铅笔，在纸上写写画画。在《业余生活》办公室，他会把文章打印出来，送几份给相关艺术家。1944年，在被送往奥斯维辛以前，乌尔曼写了一篇评论送给爱丽丝作礼物，感谢她赋予观众的“那些美妙时光”。战后，这篇文章在乌尔曼的一本27篇评论集中被发现。

在那间匪夷所思的临时音乐厅里，爱丽丝为一些她此生最重要的观众演奏过音乐会：坐在第一排的利奥波德和拉斐；靠

[1] 捷克籍犹太作曲家，生于1888年，代表作包括政治讽喻歌剧《亚特兰蒂斯的恺撒》，该作创作于特莱西恩施塔特集中营。

近舞台处，是爱丽丝的好友利奥·拜克拉比和他的朋友兼同事维克多·弗兰克尔博士[1]；亨利·基辛格的姑姑明娜、西格蒙德·弗洛伊德的妹妹阿道芬妮、弗兰兹·卡夫卡的小妹奥特朗也在观众群里；还有几乎整个捷克音乐界的同仁——他们本来只会出现在欧洲各大音乐厅里，如今却挤在一群同样被关押的孩子和普通人中间。

安娜·弗拉乔瓦刚到集中营时还是个小女孩，她觉得，自己之所以想当音乐家，就是因为听了爱丽丝的演奏。战后，她开始学习钢琴和声乐，如今在布尔诺的音乐学院教授声乐。

“1944年，特莱西恩施塔特来了一位年轻的钢琴家，想在联合音乐会中演奏巴赫的《意大利协奏曲》。乐谱当然是不许看的，她也没把谱子背下来，于是，伊迪丝[2]主动帮忙，手写出整部曲谱的每篇乐章——全凭记忆。”说到这里，爱丽丝补上了她最爱用的溢美之词：“非同凡响。”接着，她微笑着回忆起帕维尔·哈斯[3]的《三首中国诗歌》（*Three Chinese Songs*），

[1] 维也纳医科大学心理精神病学终身教授、精神医学家、存在－分析学说的领袖。其创立的“意义疗法”及“存在主义分析”，被称为继弗洛伊德的心理分析和阿德勒的个体心理学之后的维也纳第三心理治疗学派。

[2] 全名：伊迪丝·斯坦纳－克劳斯，下文有提到。

[3] 捷克斯洛伐克作曲家，犹太人。1944 年在奥斯维辛集中营被杀害。

这是在集中营里，哈斯为男低音歌唱家卡雷尔·伯曼所写的[1]。“身在集中营，还能为中国情诗谱曲，哈斯不愧是天才！”歌曲获得了巨大成功，以至于战后在布拉格，伯曼也每每被要求献唱这三首歌曲，以纪念哈斯。

有时，爱丽丝也为排练伴奏。她曾参加过一两场威尔第《安魂曲》的排练，由拉斐尔·沙克特指挥，这是阿道夫·艾希曼为欢迎国际红十字会来访所准备的特别节目。到了1944年年中，特莱西恩施塔特剩下的管弦乐手越来越少——都被送去奥斯维辛了——已经演奏不了像《安魂曲》这样的大型交响乐。“沙克特只能在钢琴伴奏下指挥《安魂曲》，这对钢琴家提出了很高的要求。”爱丽丝解释道。沙克特设法将一份乐谱弄进集中营，但只有一份，于是他教歌手用死记硬背来唱歌记词，最后整部《安魂曲》都是歌手凭记忆唱出的。因为队员陆续都被送去了奥斯维辛，所以沙克特至少训练了三批合唱队员。爱丽丝的朋友卡雷尔·伯曼则担任了全部15场演出的男低音独唱。

有些狱友批评沙克特没有选择犹太圣乐，而是选了一部基督教题材的作品；另一些捷克人认为他应该选择捷克作曲家的

[1] 当帕维尔·哈斯在集中营为中国诗歌谱曲时，他的演员哥哥雨果正在好莱坞出演重要角色，与格里高利·派克对戏。哈斯死在奥斯维辛。战前，雨果与他的非犹太裔妻子逃到加利福尼亚，在许多电影中跑龙套度日。

作品。爱丽丝评价道："沙克特和歌手都对威尔第很有感觉，因为威尔第富有现代性，威尔第是属于全世界的。"1944年6月23日，沙克特的这一最后的作品被纳粹搬上舞台，为国际红十字会的代表演出。

即使身处集中营，艺术家们的表演依然认真严肃，就像站在世界大舞台上，尽己所能地演奏音乐。"我们并非相互竞争，"爱丽丝解释道，"我们只是尽力相互鼓励，一起梦想未来。""我们的处境越来越糟了，但我们反而越来越努力精进，努力传递出音乐的意义。音乐让我们记住内心的自我，提醒我们自身的价值。"

爱丽丝相信，尽管环境恶劣，尽管乐器要么不够，要么破损，甚至有的还缺胳膊少腿，尽管身在特莱西恩施塔特，但她仍能深情而细腻地传递出自己对贝多芬和舒伯特奏鸣曲的理解。印在脑中的乐曲，流淌在指尖的旋律，是她唯一的财产。她骄傲而认真地准备每场演出。音乐中，狱友们几乎忘却了饥饿，也忘却了周围的一切，重新感受到在集中营里失去的丰富人生。"我们不伟大，"爱丽丝说，"我们就是自然而然地这么做了。我们努力坚持工作，坚持演奏，一如往常。不练琴简直不可想象。"

1944年10月28日，最后一批驱逐人员——共两千名犹太人——被带离特莱西恩施塔特，送往奥斯维辛。10月30日，他们中的大多数被投入毒气室。与此同时，海因里希·希姆莱[1]命令停止使用毒气室。希姆莱急于毁灭证据，因为他痛苦地发现，纳粹军队正节节败退。到了1944年11月，爱丽丝的大多数朋友和同事——包括捷克爱乐乐团的首席艺术家、老好人埃贡·莱德奇，指挥家拉斐尔·沙克特，作曲家汉斯·克拉赛，钢琴家、作曲家吉迪恩·克莱因——都已死在了集中营。爱丽丝和朋友伊迪丝·斯坦纳-克劳斯是当时集中营里仅剩的两位优秀钢琴家。离战争结束还有几个月，之前免于驱逐的那些与雅利安人结婚的犹太裔捷克人也被送入特莱西恩施塔特。爱丽丝的哥哥保罗就在其中，还随身带着他的小提琴。

战后，小说家伊凡·克利玛描述他在特莱西恩施塔特度过的第一个晚上时说，一个“13岁的小男孩”坐在一帮老人和病人中间，观看斯美塔那的歌剧《被出卖的新娘》（*The Bartered Bride*）。“没有戏服，没有管弦乐队伴奏，没有布景，但音乐让我们听呆了。很多人哭起来。我好像也哭了。多年以后，我看过一场精心编排的演出，但一点儿也不如印象中的那么感人肺腑了。”

---

[1] 纳粹德国党卫军头目，第三帝国第二号权势人物，武装党卫队战争罪行的主要责任人。

曾有记者问钢琴家伊迪丝·斯坦纳-克劳斯，特莱西恩施塔特的演出水平如何？伊迪丝愠怒不已：“你指的无非是节奏、音准、协调、变音准不准什么的，好像这些都很重要似的。……这个问题实在肤浅，令我头疼。不明白吗？我们回到了音乐的本质……我不明白为什么一谈到特莱西恩施塔特，就要提起你说的那些东西。你不会明白，你一点儿也体会不到音乐对我们每个人真正的意义。它是我们的支撑力量，是我们凭借自身技巧，去激励他人的方法。它超越了批评，超越了任何肤浅的评价。我们就是音乐。”

纳粹不会明白，音乐给予表演者和观众多少慰藉，多少希望，比起他们的恐怖镇压，音乐的力量要强大千万倍。每支在特莱西恩施塔特写成的曲子，每场在特莱西恩施塔特举办的音乐会，都是对敌斗争的“道义上的胜利”。而对许多犯人而言，文明的力量成了抵御绝望的一面盾牌。通过音乐，演奏者实现了自我身份认同，而观众则在音乐中超越了时间与空间，那一刻，他们只觉生活一切如常。

爱丽丝说：“这么说吧，音乐是我们的食粮。一旦我们有了精神食粮，也许就不需要食物了。音乐就是生命。我们过去没有放弃音乐，现在不会放弃，将来也不会放弃。”

爱丽丝的钢琴课

巴赫《意大利协奏曲》

这部洋溢着热情与欢乐的作品，将人带到阳光充裕的意大利，感受那里的浪漫与风情。跳跃的音符，欢快的曲调，巴赫似乎有意在传达一种快乐的情致。而当舒缓的旋律到来，仿佛经历活力四射的白天后，来到静谧清幽的夜晚，沉静、轻盈、灵动。而后，欢快再临，如同看见朝阳，眼前一派风和日丽、鸟鸣婉转的景象……这是巴赫让人快乐的魔法……

第八章

《元首赐予犹太人一座城》

人类没有相互仇恨的遗传基因。

我哈哈大笑。我从不让孩子看到我的忧虑和恐惧。笑是唯一的解药。

在集中营弹奏贝多芬的时候，我是在以此抗议纳粹的灭绝人性。我能感觉到观众正在坚守那些美好回忆，我们一起呼吸，一同感受。

我们不能干等着看未来会发生什么，必须有所行动。

我们过去没有放弃音乐，现在不会放弃，将来也不会放弃。

生活的好坏都由我自己来决定。我来决定，而不是生活本身。

回忆起1944年春，爱丽丝不禁摇头。“纳粹宣布开展所谓的特莱西恩施塔特‘美化计划’，迎接红十字会6月23日的视察。他们要我们更加努力地工作，以荣耀我们的城市。这令我们哈哈大笑。我们清楚得很，他们是在耍花招。”

国际红十字会已向纳粹施压了一段时间，迫使纳粹同意它们视察特莱西恩施塔特。国际红十字会已暗中得知，犯人的待遇并不如德国人汇报的那么好。最终，纳粹同意由红十字会三名代表组团参访——一名来自丹麦红十字会，另两名来自瑞士红十字会。三位代表的行程受到严格控制：不能随意走动，也不能与犯人直接交流。党卫军全程陪同视察，只领他们进入布置好的特别建筑，只带他们看排练好的场景。

尽管德国军队已经全线溃败，但对犹太人的秘密战争却加快了进度。“最终解决方案”的设计者们想要有始有终，灭绝犹太种族。纳粹最高指挥部急于保住自己的颜面，妄图欺骗整个西方世界，隐藏他们的“犹太事务”意图。他们相信，骗过“温泉小镇一日游”的红十字会代表，简直易如反掌。但他们想发动一波更为浩大的宣传攻势。

在犯人们努力“美化”城市的同时，纳粹发掘出当时德国最著名的演员和电影导演之一库尔特·盖隆的宣传才能。他们要求盖隆拍摄一部宣传电影，描述在元首赠予的温泉小镇里，犹太人度过的“美好生活”。当然，纳粹也以名誉向盖隆担保，虽然他是犹太人，但他们夫妇不会被送去奥斯维辛。

1928年，布莱希特的《三分钱歌剧》（*Three-penny Opera*）在柏林首演，盖隆担纲主角并演唱了开场歌曲《小刀麦克》（*Mack the Knife*），给观众留下了深刻印象。后来，他与玛琳·黛德丽合作了德国第一部重要的有声电影《蓝天使》（*The Blue Angel*），在其中饰演魔术师基佩特，一跃成为电影明星。

纳粹要拍摄宣传电影的消息在集中营里传开，很多狱友建议盖隆拒绝合作。尽管盖隆也试图反抗，但最终，他觉得拍了电影就可以不去奥斯维辛，而且他也希望自己精心设计的镜头可以展现出布景背后的真相。此外，有机会再次从事电影工作，盖隆自己萎靡的精神也为之一振，他立即着手撰写剧本。

盖隆筹拍电影的同时，纳粹的骗局迅速升级。犹太苦役被迫粉刷部分建筑物的内墙和外墙，以供参观展示。为避免房间看起来过于拥挤，盖世太保在1944年5月16日至5月18日的三天时间里，将7503名老人、病人和体弱犯人驱往奥斯维辛灭绝营。在一栋女监里，第三层床铺被暂时移走。窗户配上窗帘，书本散放在现搬的桌子上，营造出家的氛围。隔都开始栽花种树，竖起德语路标和门牌，甚至还开设了一家银行，发行分文不值的特莱西恩施塔特伪币。一条主路也冒了出来，街上开有美容店、餐馆、面包店和咖啡馆。商店货品丰富，从令人垂涎欲滴的法式小蛋糕，到多层的婚礼蛋糕，一应俱全。而犯人们饥肠辘辘，碰也不让碰。红十字会官员走过的所有街道，都由犯人们跪在地上用刷子、肥皂和水仔细擦过。所有这一切，不过是弄虚作假的电影布景。红十字会代表一走，电影一杀青，一切都消失得无影无踪。

盖隆坚持要从布拉格聘请当时捷克斯洛伐克最好的摄影师之一——伊凡·弗里克——和他的团队。让捷克平民现场接触集中营生活，这令纳粹有所顾虑，因为集中营的真相可能就此暴露。但纳粹最终还是答应了盖隆，因为后者提出：只有启用最有经验的摄制组，才能保证电影的预期效果。

所有三万名留在特莱西恩施塔特的犯人，都被发动起来拍摄电影。很多人在电影中一闪而过，他们以为只要合作就不会死。一些犯人被分配做化妆师和发型师；大多数犯人，包括只是听听音乐会或看看足球比赛的犯人，都换上了从纳粹没收财物的大仓库里精心选出的服装。不过，管弦乐团乐手的礼服鞋却让纳粹犯了难。由于德国本土受到空袭，损失惨重，所以很多鞋子被运往纳粹德国救济平民，以至于库存鞋子号码不全，数量也不够。盖隆的解决方法是：沿舞台边缘放一圈花盆，挡住演员的脚。

拍摄期间，党卫军始终待在片场，大吼大叫，朝盖隆发号施令。一次，他们想要拍摄犹太人一边看戏、一边哈哈大笑的镜头。但是犯人们不愿笑，也笑不出来。党卫军不停施压，盖隆又急又怕，浑身是汗，哀求狱友听指挥在摄像机前开怀大笑。凭借导演的本能，他灵机一动，夸张地腆着个大肚子，晃来晃去，终于引发片刻哄笑。后来，盖隆一直背着这项并不光彩的“殊荣”。这部宣传片，也是迄今已知的所有电影中，唯一一部在集中营现场拍摄的影片。盖隆的故事板原件——被纳粹审查过的，战后在特莱西恩施塔特被发现。

尽管大部分镜头都是8月至9月在特莱西恩施塔特拍摄完成的，但盖隆似乎拍摄了一些红十字会6月参访的镜头（也可能是当时纳粹自己拍的），后来被盖隆剪进电影里了。电影中有一个镜头：一个犹太小男孩追着球跑，一直跑到大街上。一个身穿纳粹制服的军人捡起球，递给男孩，亲切地拍拍他的头。——这一幕经过了精心彩排。几周后，这个孩子在奥斯维辛遇害。

即便经过精心安排，来自丹麦红十字会的代表也并未上当，但瑞士代表团肯定了纳粹的“表演”。瑞士人提交的报告和纳粹编造的一致：与遭受轰炸而无家可归的德国平民相比，犹太人的处境相对较好。与之对比的，丹麦国王克里斯蒂安十世的反应完全不同。他要求释放466名关押在特莱西恩施塔特的犹太裔丹麦人，并将他们安全送回丹麦。在纳粹默许下，一个由白色巴士和救护车组成的车队穿越火线，营救出所有丹麦囚徒。然而，有50名丹麦公民没有等到这一天，已永远地留在了集中营。保罗·桑福德，那个曾在《布伦迪巴》中担任管弦乐队小号手的丹麦孤儿，就是被祖国干预、成功解救的丹麦人之一。

在红十字会官员撤出后，从1944年夏到电影杀青，盖隆选择了一条非常艰险的道路。他一边满足纳粹的要求，一边竭力揭露真相。不管在电影背景还是主画面中，无论人们的衣着多么考究入时，在盖隆的特写镜头下，他们压抑沮丧、毫无生气的面部表情都被清晰地呈现了出来。在拍摄由帕维尔·哈斯为电影作曲、卡雷尔·安切尔指挥的《学习弦乐》（*Study for Strings*）的片断时，盖隆捕捉到两位大师哀怨的眼神与深切的绝望。——安切尔后来幸存下来，当了东京交响乐团的指挥。作为特莱西恩施塔特最著名的犯人，爱丽丝的朋友利奥·拜克拉比也出现在一场讲座中，此时背景音乐哀婉忧郁，刺痛人心，正是被禁的门德尔松《d小调第一钢琴三重奏》慢板乐章。

有几个镜头，盖隆拍的是美丽少女在花园浇花，但女孩面对摄影机，笑容僵硬；老人坐在造假的“公园长椅”上欣赏风景，但眼神空洞；孩子骑着木马，但表情惊恐不安，像是要扑进母亲怀里，而妈妈已经不见了。在拍摄《布伦迪巴》的观众镜头时，盖隆聚焦于一个没穿衬衫的枯瘦男孩。即使在欢乐的最后一幕，《布伦迪巴》合唱队的孩子们脸上也没有笑容。他们忧郁地唱着歌，每个人看起来都怕得要命，非常无助。只要观众有勇气去看，这部电影隐藏的真相就会显露出来，每个人都能看到。

盖隆的片子甫一杀青，纳粹接到帝国宣传部长约瑟夫·戈培尔的命令，一列密封的火车就离开了特莱西恩施塔特，车上载着最后一批驱逐者——超过两千名参加过电影拍摄的犯人。列车停在奥斯维辛集中营站，车门打开，扩音器里爆出了“盖隆”的名字。

“库尔特·盖隆，出列。”狱友们看着盖隆拨开人群，走下装运牲畜的车厢，落入党卫军之手。据目击者回忆，盖隆当时目不斜视，毫无左顾右盼。根据盖世太保总部的命令，盖隆被单独挑出，接受“特殊待遇”，保证这位导演永远闭嘴。他昂首挺胸，头也不回，被径直送入毒气室。这年，库尔特·盖隆47岁。男低音歌唱家卡雷尔·伯曼也被送入奥斯维辛，但他奇迹般地活了下来，成为为数不多的纳粹大屠杀幸存者之一。

盖隆的电影在布拉格剪辑，拷贝送呈柏林。德国投降前夕，这份拷贝被销毁。直到1945年下半年，当年被隔绝于真相外的总摄影师伊凡·弗里克才得知盖隆和影片中许多捷克人的遭遇。

战后，弗里克为盖隆拍摄的电影片段在一家捷克制作公司被发现，其中就包括《布伦迪巴》的镜头和哈斯在弦乐团的镜头。研究者不断在档案中发现这部影片的其他片断，或许终有一天，人们能从现存的故事板里拼凑出盖隆电影的大部分内容。

爱丽丝问道："看看电影中的那些脸孔吧。怎么可能看不出真相呢？"接着，她自己给出了答案："我们都只看自己想看到的东西。"正如在红十字会视察时，一位勇敢的犯人向某位代表悄声说的："睁开你的眼睛吧。看看他们不让你看的。看吧。"

威尔第《安魂曲》

末日的号角吹响，面对威严的上帝，受难者惊慌无助。颤抖、恐惧、恳求交替出现，人性内在的矛盾、复杂和张力就这样戏剧化地出现在眼前。然而，上帝并非严酷，人也不是待宰的羔羊，历经一番激烈挣扎，人性的敬畏、虔诚、信念和希望，最终带来安然。一曲安魂，得见神爱世人，关照所有无助的灵魂。世人窥见自身内在的光，救赎自现。

第九章

无处还乡

善与恶来自人的选择，而没有人是绝对的善或恶。

一生的过往，始终都与自己相伴。

孩子贴近你，就能感觉到你的体温，就会觉得安全。

我从未感到失去，有时，我还会收到一幅画、一封信、一张卡片……我很满足，我有音乐、文学、哲学……一切美好的艺术。

我不想受到特别待遇。没有人需要背负属于我个人的过去。

热爱学习的过程，学会享受工作，因为工作本身就很美好，工作本身也很有益处，而不是因为我们想成功。

1945年5月8日，苏联红军解放了特莱西恩施塔特集中营，但他们只是简单地告诉里面的人："你们自由了，回家吧。"他们不提供食物、医药和交通工具，因为他们自己也什么都没有，而且还需继续战斗，解放布拉格。幸运的是，红十字会很快接管了集中营。几天后，犹太代办处的人也来了。爱丽丝从他们那儿获悉，夏天，她可以去布拉格附近的一间农场休养一段时间。拉斐终于可以在阳光下玩耍，吃到新鲜健康的食物了；到6月，拉斐就可以自由地庆祝8岁生日了，那时母子俩的身体应该也恢复了。对爱丽丝来说，与其在局势尚不明朗之时就冲进布拉格，不如在农场休养一段时间更为明智。只是，来时三个人，再离开时，丈夫利奥波德已不在了。

爱丽丝最后一次见到丈夫，是在1944年9月28日。那天，利奥波德被推上了开往奥斯维辛的火车。临行前，夫妻俩曾有过短暂的相聚。“不管盖世太保说什么，你都别自愿去。千万别去。永远别相信他们说的任何话。你向我保证。”比起惧怕自己的命运，利奥波德更担心爱丽丝和拉斐能否活下来。最后一次，爱丽丝紧紧握住他的手：“好。我保证做到。”

7岁的拉斐想要追上利奥波德，被爱丽丝拦了下来。拉斐说，我也想上车，和爸爸一起走。几周后，纳粹提议，如果有人想和丈夫一起，会送她们过去团聚。爱丽丝留心听从了利奥波德的告诫，但很多妇女和孩子急着想要挤上下一班列车——他们没有一个活着回来。

战后，爱丽丝获知，利奥波德并未死在奥斯维辛。盟军步步逼近，他和很多人一起，被纳粹转送到了达豪集中营。1945年3月28日，他在饥寒交迫中离开人世。此时，距4月29日达豪解放，仅剩1个月零1天。

“普茨——”陷入回忆中的爱丽丝念叨着丈夫的小名。这个只与她共度过短短11年婚姻生活的男人，每天都让她更加深爱。“他还那么年轻。”她抚摸着那枚逃过纳粹魔爪的婚戒，戒身光滑扁平，款式普通；她合上双手，捧至胸口。

1945年7月下旬，爱丽丝和拉斐重返布拉格。但是他们并未

感受到回家的温暖和喜悦，反而感到多余。爱丽丝无法住回自己原来的家，因为捷克少数族裔不愿从抢占的公寓里搬出，还声称这是他们的财产；之前曾信誓旦旦要帮爱丽丝照看居所的捷克邻居，看见他们回来，竟非常诧异，怏怏不乐。有时，爱丽丝还会受到反犹主义者的恶意对待，找政府也没有用。

二哥保罗的太太玛丽不是犹太人，所以，在保罗1945年被抓去特莱西恩施塔特集中营时，她还可以继续居住在自家的小公寓里。保罗夫妇让爱丽丝和拉斐搬来他们的两室小公寓合住，但这毕竟是权宜之计。在自己的家乡城市，爱丽丝得找东西吃，找地方住。而仅仅两年前，她还拥有一间公寓，有工作，有存款。纳粹抹杀了爱丽丝·赫兹-桑默存在的所有痕迹，抢走了她的全部存款；居所被他人抢占而无法要回；所有的家具、油画、古董瓷器，全都消失得无影无踪；而那些帮她保管珠宝和贵重家具的人，也人间蒸发了。为了证明自己是土生土长的捷克公民，爱丽丝填了无数表格，最后发觉，这不过是卡夫卡式的悖论证明。在特莱西恩施塔特，她吩咐拉斐只说捷克语，因为纳粹听不懂。现在回了家，爱丽丝依然告诉儿子绝对不能说德语，因为说德语会有生命危险，而所有战前开设的德语学校也都关门了。“无处还乡”[1]这句话，说得实在入味。

为了解决眼前的生计问题，爱丽丝重新开始教授钢琴课。她一家家地跑去上课，因为自己没有琴。另一边，爱丽丝开始寻找利奥波德，虽然自与丈夫分别后，直觉就告诉她，利奥波德恐怕已不在人世。可是她依然竭力寻找，日复一日，周复一周。终于，在夏末的某一天，犹太代办处验证了她的直觉。看见利奥波德的名字出现在死亡名单上，爱丽丝并不十分震惊，她早已知悉丈夫的命运，只是她仍要确认，哪怕仅有一丝希望。

教琴几个月以后，在红十字会和残存的犹太人社区的帮助下，她找到一间很小的公寓。同时，犹太社区组织允许她从纳粹没收乐器的大仓库里，挑一台钢琴。遗憾的是，爱丽丝自己那台漂亮的大三角钢琴并不在仓库中。钢琴运到了她的新住址，爱丽丝轻抚琴身，猜想它的主人命运如何。现在有了钢琴，爱丽丝不仅可以增加

---

[1] “无处还乡”是托马斯·克莱顿·沃尔夫（1900—1938）的小说标题，沃尔夫是美国北卡罗来纳州人。1940 年，这本遗作由哈珀兄弟公司出版。在该书结尾，沃尔夫写道：“你再也回不去你的家了，回不去你的童年，回不去你的荣耀，回不去一个年轻人的梦想和故国，回不去那些东西的旧模样和旧制度了。曾经，你以为那些东西永不会变，但它其实一直在变，你再也找不回消逝的时间和回忆了。”

沃尔夫的作品在德国非常畅销。沃尔夫备受德国人追捧，他与米尔德里德·哈纳克尤其友好，哈纳克与她的德籍丈夫阿维德·哈纳克组织反纳粹友人和以前大学的学生，建立了一个抵抗组织。纳粹给该组织取代号为“Die Rote Kapelle”，即“红色管弦乐团”。1936 年，沃尔夫最后一次访问柏林，去参加奥运会。访问期间，他目睹了纳粹对犹太人的暴行。受哈纳克夫人的启发，他写了一篇篇幅不长的中篇小说《我要告诉你一件事》，讲述自己的德国经历，发表在《新共和国》上。小说于 1937 年 3 月 10 日、17 日和 24 日分三期连载完毕，此后，纳粹将沃尔夫的作品列为禁书，并禁止沃尔夫入境。阿维德·哈纳克被纳粹逮捕，于 1942 年 12 月处决。1943 年初，接到希特勒的命令，米尔德里德和一名来自威斯康星州的美国人一起，在普勒岑塞监狱被杀害。

授课时间，还可以继续练琴，准备未来的公演了！

机会终于来了。捷克广播电台邀请爱丽丝录制一场音乐会，向全世界广播。爱丽丝希望借此重建自己的事业，也想让朋友们知道她还活着。她演奏了贝多芬的《热情奏鸣曲》，宣告自己归来。

如果说盟军在慕尼黑会议上对捷克斯洛伐克的背叛还不够严重，那么战后，他们变本加厉，继续对捷克政府发号施令，可不能称之为友善。1945年，杜鲁门、丘吉尔和斯大林在雅尔塔会面，将欧洲划分为美国解放区、英国解放区和苏联解放区。三国各自派兵，控制各自区域，并在战后继续监管各自区域内的国家政府。捷克斯洛伐克再次被丘吉尔和杜鲁门抛弃——他们让苏联红军解放布拉格。事实上，在苏联红军到达之前，巴顿将军就已经开进了捷克斯洛伐克，并行至马利安温泉城一带，但被迫停止前行。巴顿接到命令，将部队驻扎在皮尔森，直到近一周后，由苏联人解放了布拉格。

在这段捷克历史上最黑暗的时期，所谓的“革命卫队”人数成倍增加。他们完全不理会捷克法律。“革命卫队”的许多成员曾是纳粹共犯，这些残忍的机会主义者戴上了革命的礼帽，只为隐藏自己不堪的过去。只要任何人与德国有点牵连，或对德国文化心存好感，他们就会杀之而后快。就连德国作曲家的音乐，如巴赫、贝多芬和勃拉姆斯，他们都嗤之以鼻。

战前的捷克斯洛伐克民族众多、气氛宽容，不仅有捷克人，还有德国人、犹太人和波兰人。虽然吉卜赛人也会受到歧视，但所有在捷克国土出生的人都会自动取得捷克国籍。1945年5月，苏联红军解放捷克，捷克总统爱德华·贝奈斯返回捷克斯洛伐克并发布命令，最终造成了超过250万名苏台德区的德国人和50余万名匈牙利少数族裔被驱逐出境，数千平民惨遭屠杀。时至今日，巨大的杀人坑仍有发现。当贝奈斯喊出“少数人享有权利的时代已经结束了”，民族主义战胜了理性。当贝奈斯和其他人公开谈论“捷克斯洛伐克正在成为一个单一捷克民族的国家，不存在任何少数民族”时，长达三年惨绝人寰的种族清洗从此拉开序幕。贝奈斯似乎忘记了捷克斯洛伐克第一任总统、敬爱的马萨里克的信条：要确保所有公民的权利都得到保护。

受贝奈斯总统的煽动，也出于对残酷的纳粹占领时期的痛苦记忆，捷克人调转枪口，开始野蛮、疯狂地屠杀同胞。恐怖席卷全国，并在1945年5月至1947年初达到顶点。成千上万的德裔捷克人被赶出家门，被迫步行或被装上牲口车运至德奥

边境。他们在那儿风餐露宿，无人问津。一路上，许多人都死于非命。这些人都是土生土长的捷克公民，不过是日耳曼人的后裔。成千上万的妇女被肆意强奸，而滥用酷刑、杀人行凶在捷克已成了家常便饭。一对开面包店的夫妇因为不肯让“革命卫队”白拿面包，就被诬谤为德国人，当场枪决。据一位记者报道，他看见一伙暴徒围攻两个小伙子，将两人头朝下吊在树上——当时人还活着。几个俄国人和捷克人从附近的坦克里抬出汽油箱，一股脑地泼在两个受害者身上。接着，围攻者点燃香烟，凑近眼前的两支人体火炬……

在这场疯狂的民族清洗运动中，捷克人所展现出的残酷让爱丽丝惊骇不已。“战前，不管你是捷克人、德国人，还是犹太人，我们都是朋友，都是邻居。我们中的很多人都会说两种语言。我们的母语有两种：捷克语和德语。我们既读捷克语报纸，也读德语报纸。卡夫卡、里尔克等很多伟大的捷克作家都用德语写作，而卡雷尔·恰佩克[1]等，则偏好使用捷克语。战前，我们生活在一起，都是捷克斯洛伐克人。”

当时，贝奈斯提到一个词：利迪策。1942年，纳粹驻布拉格的最高长官、副行政首长、党卫军队长莱因哈德·海德里希遇

---

[1] 捷克著名的剧作家和科幻文学家、童话寓言家。

刺，纳粹摧毁了距离布拉格1小时车程的利迪策村，以报复此次事件。接到卡尔·赫曼·法兰克[1]的命令，6月10日，纳粹行刑队将该村所有年龄超过16岁的男人集体杀害，共计192人[2]；妇女和孩子则被送往集中营，最后大多死在那里。利迪策整个村庄被烧成灰烬；墓地被挖开，尸骸尽毁。这就是“利迪策惨案”。两周后，另一个村庄莱夏基也遭此厄运。纳粹屠戮村民，因为他们怀疑村民藏匿反抗组织人员及其家属。当时，集中营等地的暴行仍属机密，但纳粹对利迪策惨案毫不避讳，他们傲慢地宣称：利迪策是对盟军发出的一次警告。利迪策惨案一度激发了全捷克人的反德抵抗运动，贝奈斯此时提到“利迪策”，无疑是对此次民族清洗运动的一种煽动。

诸多历史学家认为，如果没有贝奈斯总统对待少数族裔的官方态度，那么针对有德语姓氏的捷克公民的暴力事件就不会发生。

纳粹投降后，苏联秘密警察在布拉格四处巡逻。1945年5月初，在一片混乱中，秘密警察逮捕了一名非犹太裔的捷克记

[1] 纳粹德国波希米亚和摩拉维亚保护国国务部长、党卫队副总指挥。二战后因曾参与利迪策屠杀的决策而被判以绞刑。

[2] 关于年龄和死亡男性的人数，说法不一。“16 岁”、“192 名”是原文的说法，也有说“15 岁以上男性”的。死亡人数也各有说法，如 173 名、199 名等。

者——米哈尔·马雷斯。讽刺的是，马雷斯本人是捷克共产党党员，但这并未阻止苏联人随意安了个罪名给他，将之投进监狱。马雷斯也搞不懂，自己怎么就被盯上了。

在孤独的监禁生活里，有人通知马雷斯，他已被判死刑，等待枪决。几天不到，一群士兵把他从牢房拖出，带入内院。他被绑在墙边，蒙上双眼，只听一声大喊："开枪！"但行刑队是向天开枪，马雷斯毫发无损。马雷斯在自传中写道，那些士兵开了一个粗俗的玩笑，又把他带回牢房。之后，他们又如此这般折磨了马雷斯两次。马雷斯坐牢期间，"革命卫队"污蔑他的父亲是德国人，将无助的老人杀死在床上。父亲下葬当天，马雷斯在布拉格获释。

爱丽丝在二战前就与马雷斯相识，因为马雷斯与卡夫卡、韦尔什、布罗德都有交情。马雷斯那时就钟爱爱丽丝的演奏，常去听她的音乐会。1945年9月的一个周六晚上，马雷斯已经出狱。那天，广播里正上演着爱丽丝的音乐会，马雷斯碰巧调到同一频道。他一边听广播，一边暗自揣测，究竟是哪位钢琴家，竟能将《热情奏鸣曲》演绎得如此打动人心？当主持人揭晓演奏者正是爱丽丝·赫兹-桑默时，马雷斯简直欣喜若狂：爱丽丝还活着！第二天早晨，他立即赶到犹太社区中心打听她的住址，扭头冲向爱丽丝的公寓，途中只来得及买下一束花。

当马雷斯再次出现在眼前，爱丽丝接受了这位才华横溢的仰慕者的关注。对8岁的拉斐来说，马雷斯就像一个替身父亲。每当爱丽丝去上课或忙着练琴，马雷斯就会陪着拉斐。无论是和拉斐一起玩儿，还是辅导拉斐写作业，或者带他看电影，吃各种口味的冰淇淋，马雷斯都充满耐心和慈爱。

爱丽丝被马雷斯的理想主义深深吸引。马雷斯受过良好教育，人文素养很高，对欧洲18、19世纪的古典音乐颇有研究。同时，他还是一个经验丰富的旅行家，不仅周游欧洲列国，还去过不少非洲国家。少年时，因抗议西班牙无政府主义教师弗朗西斯科·费雷尔（Francesco Ferrer）被杀，马雷斯被校方开除，所有奥匈帝国的学校都禁止他入学。一战后，捷克斯洛伐克宣告独立，马雷斯产生了强烈的共产主义倾向，曾极力向卡夫卡和布罗德宣传共产主义对于个人的好处。祖国惨遭德军侵占，面对苦难和悲剧，马雷斯开始相信，只有共产主义理想才能救国——毕竟，是苏联红军解放了布拉格。他和众多拥护共产主义的捷克人一起投出选票，终于，在1946年的大选中，捷克共产党一跃成为多数党。但很快，事情似乎发生了变化。

马雷斯观察到，捷克社会存在着反犹情绪，对有德语姓氏的人施加暴行的恐怖事件时有发生，在这样的和平时期，政府面对种种暴乱和仇恨，竟然不闻不问。马雷斯对此火冒三丈。他开始为《今天》周刊撰稿，报道捷克人对犹太幸存者和德裔捷克人的暴行。爱丽丝对马雷斯的作为赞赏有加，认为他身上有“无与伦比的勇气”。

1946年7月11日，在一篇题为《捷克合作社的悲剧》的报道中，马雷斯描述了德裔少数民族被驱逐后，他们的村庄和农场被破坏的惨状。“一帮革命卫队成员伙同布拉格郊区的流氓恶棍，出现在阿斯迪克区，手持枪械，攻击村民……惊恐的村民根本来不及抵抗。不到两小时，行动就结束了。暴徒抢占了一片120公顷的天府之地，曾经，那里土地肥沃，啤酒花田一望无际、成熟的小麦等待收割，还有四千余株品种多样、果实累累的果树。如今，这些都去哪儿了？那里变成什么样子了？”

1946年，马雷斯接受调查审讯，罪名是诽谤警方。马雷斯自辩道：“如果有真正的自由，我就不会被判刑。如果我们的自由只是部分的自由或虚假的自由，那么，我也不在乎判不判刑……对正在发生的事情保持沉默，这意味着丢弃个人荣誉。武力让我闭嘴，但这也是唯一让我当哑巴的方法。”第一次审判宣告他无罪，他也没有食言，继续记录着捷克政府对德裔捷克人及对德国文化怀有好感之人的不公待遇。

爱丽丝欣赏马雷斯面对不公的直言不讳，也欣赏他妙笔生花，文采斐然。他们开始在布拉格规划起新生活。拉斐越来越依恋马雷斯，后者几乎要成为小家的成员之一了。马雷斯待爱丽丝慷慨大度，令人无法抗拒。他送花给爱丽丝，带她享用美食，还送给她一件极为珍贵的礼物——一幅亨利·图卢兹-罗特列克[1]绘的波斯女人头像画。爱丽丝并未对朋友们透露这是不是她的结婚礼物，但朋友们都清楚，她和马雷斯是一对儿。

尽管捷克人也参与了马歇尔计划的最初几次讨论，但斯大林禁止他们加入西方阵营。1948年初，捷克内政部门和警察队伍清除非共产党员的情势愈演愈烈，贝奈斯政府剩余的12名非共产党议员集体辞职。为避免内战和苏联的进一步介入，贝奈斯最终同意他们离去，由共产党员补上。1948年6月7日，贝奈斯自己也辞职了。

苏联及其盟国对捷克斯洛伐克的政治威胁越来越大，马雷斯日夜忧心。他继续报道谋杀德国人、劫掠他们财产的暴行，连捷克的政府官员、警察和地方长官也牵涉其中。他首次使用了“盖世太保的手段”（Gustapo method）一词来形容捷克人对待德国

[1] 后印象派画家、近代海报设计与石版画艺术先驱，被称作“蒙马特尔之魂”。

人的残酷行径。当时，德国人都被押往苏台德区、布拉格等地集中起来，等待转运德国。捷克官方喉舌狠狠地攻击马雷斯，1947年，马雷斯被开除党籍。1948年，共产党接管捷克不久，马雷斯再次被捕，这一次，他被以所谓的“叛国罪”处以七年监禁。此时，爱丽丝仍期待马雷斯尽快获释，继续两人的美好生活。

但在外界看来，情势并不乐观。爱丽丝在巴勒斯坦的两位姐姐读到新闻，心惊胆战。自1948年5月14日以色列建国以后，她俩就加紧催促爱丽丝移民。见爱丽丝仍想留在捷克继续生活，米茨就带着儿子径直来到布拉格，只为劝说同胞妹妹办好证件，尽快动身去以色列。可是米茨发现，爱丽丝仍在憧憬布拉格的美好生活，诚心期待与马雷斯白头偕老，共度浪漫余生。米茨认为爱丽丝太天真、太盲目，她说：“你们俩在这儿，根本没有未来。”爱丽丝恳求道：“马雷斯说他想当我儿子的继父。我们说好共度一生的。”“那好，”米茨说，“等他出狱，让他来以色列找你。”

米茨的劝说有理有据：去以色列，让拉斐在亲人身边成长，对他会好得多；在那里，爱丽丝可以去音乐学院教书，生活也有保障；捷克的社会环境如此动荡，即便马雷斯提早出狱，他们能继续在捷克生活，也不能保证从此安定。最终，爱丽丝被说服了。

爱丽丝一旦做了决定，就很少回头。虽然依然记挂着马雷斯，爱丽丝还是抓紧收拾起行李——可供准备的时间并不多。捷克共产党规定，除随身衣物外，捷克人离境不可携带任何财物，因此爱丽丝必须想办法，把亨利·图卢兹-罗特列克的画作、拉斐的集邮册以及她的钢琴运到耶路撒冷。幸运的是，她认识的一位音乐家飞行员在关键时刻伸出了援手，后者正要将满满一舱由捷克制造的武器运往以色列。由于武器运送已获当局批准，飞机不必再接受检查。飞行途中，四个引擎坏了两个，油量也不足，再加上联系不上以色列的飞航管制塔台，飞机须在海面迫降。机务人员毫发无损，但钢琴和油画受到海水侵蚀，受损严重。

马雷斯在狱中挨过数年，身体日渐虚弱，最终因健康问题假释出狱。捷克共产党允许他每周给母亲写封信，但他们忘了告诉他，他的母亲已于三年前去世。马雷斯和爱丽丝都不知道，在爱丽丝移居以色列的年代，捷克当局规定：捷克公民想出国，只能去苏联等盟国。也就是说，马雷斯根本不可能逃往西方，也无法去以色列。

在人生最后的几年里，马雷斯将所有精力和时间都花在了写自传上。他的自传没有写完，于他死后出版。在这本书里，马雷斯确认了他对爱丽丝的爱，也坦言曾想当拉斐的继父。根

据捷克法律，只有直系亲属才能探监。而在其后的岁月里，远在以色列的爱丽丝，与身处铁幕国家的马雷斯想要联系上，简直是天方夜谭❶。爱丽丝始终都没有机会解释，也没能对马雷斯说一句“再见”。1971年，马雷斯在贫病交加中离开人世。1991年，在他逝世20年之际，瓦茨拉夫·哈维尔领导的民主政府为他平反昭雪。

现在，爱丽丝依然会想起他。在2010年12月的一次访谈中，她没有谈论自己的丈夫，而是面带微笑地谈起了英勇的米哈尔·马雷斯，表达出她的倾慕之情。“他非常勇敢，而且无畏。当其他人都怕得要命的时候，只有他直言不讳。”她闭上眼睛，默思了片刻，理性与坚毅又回到了她的脸上。“我没有选择。即使为了拉斐，我也必须抓住机会，到以色列重新开始。我们不能干等着看未来会发生什么，必须尽快逃离捷克斯洛伐克。之前所经历过的一切给了我勇气，帮我做出这个命中注定的决定：离开！”她说：“恐惧让我们放弃，勇气给我们机会！要不现在我就不在这里了。是的，勇气！”

❶ 据马雷斯自传的编辑帕维尔·库卡拉回忆，马雷斯“想在将来与爱丽丝·赫兹－萨默一同生活，并将爱丽丝的儿子斯捷潘（拉斐）收为继子”。该书第177页，库卡拉引用了伊凡·班巴斯－博尔1947年8月21日写给马雷斯的信。信中，班巴斯－博尔邀请马雷斯去库特纳霍拉作讲座，库特纳霍拉是一个小镇，距离布拉格40公里。他料想马雷斯会与爱丽丝同行，还邀请爱丽丝在讲座之后演奏几场音乐会。

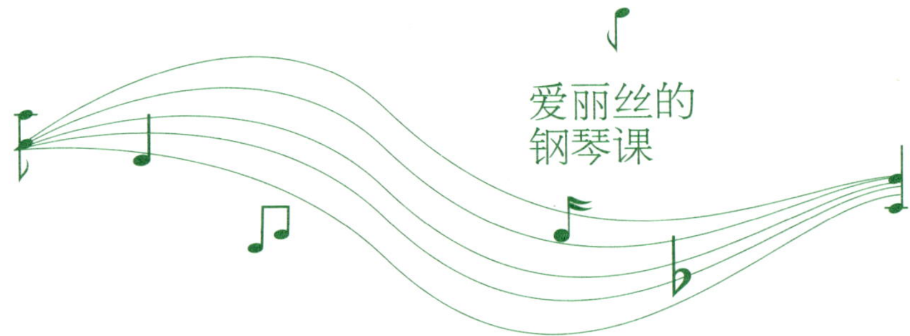

斯美塔那《我的祖国》

这是斯美塔那献给祖国捷克的赞美诗。巍峨的城堡、秀美的伏尔塔河、丰饶的波西米亚森林和草原、充满战斗力量的捷克历史和传说……斯美塔那如诗的旋律，令人仿佛身处时间的飞船，游历捷克古往今来的角落，目睹壮美的景色，见证拼搏的时刻，血脉贲张，热血沸腾……

第十章

重新开始

身体可死，灵魂不灭。这是人生的意义，也是存在的意义。

弹琴时间越久，我就越明白，自己仍然只是个初学者。因为，当你练习一首曲子越多，就越会发现，无论你多么熟悉它，你都可以有更深的理解，每次多一点……

教学就是爱，教师必须热爱教学。

当人活得够老，会发现生命没什么会丢失，所有的印记，都留在自己的脑海中。

你若真正热爱工作，就会感到快乐，而你成功的机会也会更大。

我们就是自然。上帝就是自然。

1949年3月，爱丽丝和拉斐抵达海法港。她知道，一切都要重新开始了，而这将是她此生最勇敢无畏的一次经历，即便她快46岁了。耶路撒冷城呈现的巨大反差是如此激动人心：古老都市的美景与新世纪的现代风光相映成趣，一边是骆驼和驴车，一边是汽车和卡车排放的尾气。从学校和居民区飘出的贝多芬和莫扎特的音乐，回荡在大街小巷中。这个“向犹太人敞开大门，接纳流亡之人”的新国家，令爱丽丝感到震撼，亦充满感激。

刚来以色列，爱丽丝先是住在姐姐米茨家，不久就在耶路撒冷附近找了一间公寓，由于手头拮据，只得与一户阿拉伯人共用厨房和卫生间。爱丽丝非常热爱工作，不仅仅为了生计。每天傍晚或周末，她出去教琴，阿拉伯邻居会帮她照顾拉斐的饮食。拉斐很快适应了新家，并开始学习希伯来语，对周围的一切都充满好奇。后来爱丽丝在耶路撒冷音乐学院找到工作，一切都好多了，她还在姐夫埃米尔·阿德勒的帮助下，换了一间宽敞些的公寓。

安定下来以后，她开始在家中举办礼拜日午后音乐会，并成为每周日的保留活动。拉斐有时也会参与音乐会的活动，他会帮爱丽丝翻乐谱，或者做做服务工作。心理学家也建议爱丽丝，经常让亲人和朋友来家里聚聚，这样既能有效缓解初到异国的陌生感，也能疏解独子拉斐不可避免的孤独感。既能与旧友相聚，又能帮她认识新朋友，在午后音乐会中，爱丽丝对布拉格生活的记忆重新被唤醒了。

爱丽丝没装电话，也没空写邀请函，初来乍到，也没人知道她是音乐会钢琴家。但在那个年代的耶路撒冷，光靠口耳相传就足够了。爱丽丝的两个姐姐和姐夫是音乐会核心成员，作家好友马克斯·布罗德、钢琴家好友伊迪丝·斯坦纳-克劳斯也几乎场场都到。如果室内乐的演奏人数不够，伊迪丝和爱丽丝就会表演钢琴独奏。如果来听爱丽丝“礼拜日”音乐会的观众太多，公寓大门就会一直敞开，这样后来的人就可以坐在走廊地板上听。爱丽丝百无禁忌，唯一的警告就是：所有客人不许在家里谈起纳粹大屠杀，也不许问她任何相关问题。从被纳粹驱逐到移居以色列之间的那段岁月，是她的谈话禁区。

“我不想任何人可怜我。”爱丽丝说，“从我到音乐学院的第一天起，我就对过去保持缄默。我不想因为自己的难民身份，就受到特别待遇。学生和他们的家人无需背负属于我个人的过去。”她也从不抱怨，她说：“抱怨于事无补。它只会让每个人感觉不好。”

爱丽丝发觉，以色列人理解她。他们尊敬艺术家，无论对方名气大小；他们的建国之本是知识与音乐。爱丽丝对以色列心怀敬意，她发誓：无论是演奏音乐还是教学，都会毫无保留地传授自己的知识和经验，与后辈们一起弘扬、保护和传播以色列传统文化。

在音乐学院，爱丽丝非常积极、热情地工作。她教高年级学生演奏有难度的曲目，这对她来说可是个新挑战，与在布拉格给初学者上课完全不同。爱丽丝教学严格，对每个学生都是高标准、严要求。但她又很宽容，且充满爱心。她永远面带微笑。希伯来语的细微差别让爱丽丝迷惑，但学生们总能轻易从她的表情中读懂她的意思。渐渐地，她学会了教各种水平、说各种语言的学生。“教学就是爱，教师必须热爱教学。”她说。

有人问爱丽丝：“作为钢琴教师，您与学生分享的最重要一课是什么？”答曰：“爱工作。”她说：“曾有人问巴赫，如何写就了这么多美妙的乐曲？巴赫回答：‘努力工作……任何人像我一样努力，都会成功。’这适用于所有科目和教师……将对工作的热爱灌输给学生，将对练习的热爱灌输给学生，告诉他们，要热爱擦洗厨房，直到它光亮如新。爱，会让事情做得更好。当你爱上一件事时，就去做它。如果不去做，你将一事无成。热爱学习的过程，学会享受工作，因为工作本身就很美好，工作本身也很有益处，而不是因为我们想成功。花很多时间在你喜欢的事情上吧。”

“爱工作”是爱丽丝一生的指导原则，她将之传授给学生，教他们练习成百上千次以完善短短的一个小节，直至流畅完美。“每练一首新曲子，”爱丽丝解释说，“我都要花些时间，一点一点慢慢练，有时是几个月，直到对它了如指掌。只有这样，我才可以说这是‘我的曲子’。”她强调，唯有通过各种练习，演奏技巧才能得以日臻完善、不受限制。“我相信，这就是视奏的秘密。我的眼睛看到一堆音符，手指就能听话地弹出来，这正是因为，我练习过大量曲子，弹奏过各种类型和形式的音乐。”

“你若真正热爱工作，就会感到快乐，而你成功的概率也会更大。”热爱即会投入，投入则会不厌其烦反复练习，以求日臻完美，爱丽丝认为这不仅仅是为了练琴。“享受你的任务，即使它很琐碎。这些任务能帮助你克服生活中更大的挑战。”直到现在，爱丽丝依然会为找到一个新方法演奏一个困难的小节，而高兴地摇头晃脑，朗声大笑。

有当代乐评家指出，爱丽丝琴艺出众。马克斯·布罗德也赞同这一点。爱丽丝是位敏感的钢琴家，她的演奏自然灵动，情感细腻，极为打动人心。她遵照作曲家的指令演奏，被认为颇有迈拉·赫斯夫人[1]和米奇斯瓦夫·霍尔绍夫斯基[2]的遗风。“我为人简单，弹起琴来也很简单，不喜欢浮夸。”她说。她坚持每天练琴五到六个小时，无论是不是售票演奏会，她都努力在演奏上精进。她说：“我为自己内心的评价而弹，不理会别人怎么想。”

米茨的独子哈伊姆·阿德勒认为，如果爱丽丝当初留在“铁幕”下的布拉格，她会继续与布拉格爱乐乐团携手，很可能会

[1] 英国女钢琴家，1890 年生于伦敦。因对英国大众的服务与贡献，被英国皇室册封为爵士。

[2] 俄罗斯钢琴家，以独奏曲目的演绎和室内乐演奏见长，被称为“当代的莫扎特”。

受邀去东方阵营国家巡回表演。要知道，那时她已是捷克斯洛伐克最好的钢琴家之一。爱丽丝的朋友们也认为，她本可以被国际经纪人发掘，步步高升。他们可以先在英美报纸上登几篇文章，宣扬一下她的故事，再借势在伦敦和纽约成功举办几场独奏会，最后将她打造成一位有过苦难传奇经历的国际钢琴大师。但爱丽丝对挖掘悲剧、赚人眼泪的行为不感兴趣，不愿以此牟利。很多听过她演奏的人，并不知道她是从集中营活着走出的少数人之一。

爱丽丝时而自问，为什么如此残酷的悲剧会发生在自己和许多犹太人的身上？也许如同捷克诗人里尔克所说，智慧的本质不是解答难懂的问题，而是勇敢面对问题。“对你内心一切未解之事要多存耐心，努力去爱这些‘问题本身’，就像爱一间紧锁的屋子，爱一本用外语写成的书。然后，不经意地，你会逐渐接近它，直到在那遥远的某一天，你会得到答案。”[1]

[1] 出自里尔克《写给年轻诗人的信》。

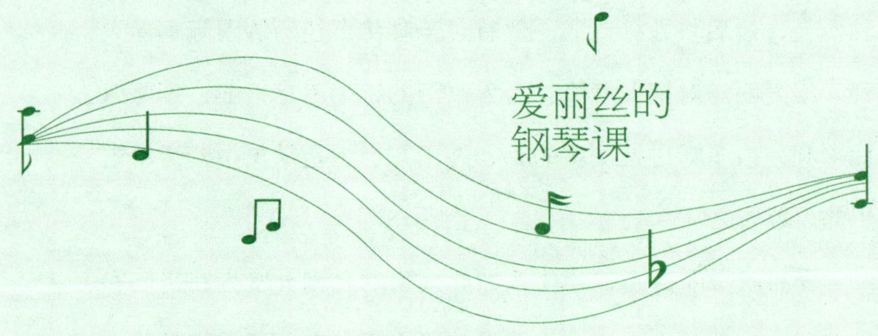

肖邦《离别曲》

19岁的肖邦爱上了华沙音乐学院的女同学葛拉·柯芙丝卡，日夜思慕，却因生性害羞而不敢表白。即将离开祖国前往巴黎之际，在心爱的姑娘面前，肖邦弹起这首缠绵哀愁的曲子，以此传达内心的缱绻、悲伤和柔情，并向柯芙丝卡道别。对这首曲子，肖邦说：“像这样优美的旋律，以前我从没有写作过，恐怕以后也不容易遇到。”

第十一章

与梅厄夫人交好

不必刻意抓住什么，存在过的都不会消失。

每练一首新曲子，我都要花些时间，一点一点慢慢练，有时是几个月，直到对它了如指掌。只有这样，我才可以说这是“我的曲子”。

学习让人保持身心积极正面。

我们所经历的一切，都是一个礼物，一种馈赠，也许它看上去很悲惨，可是谁能说完全不可以创造快乐呢？

我们只有老了，才能发现人生的美丽。

花很多时间在你喜欢的事情上吧。

♩…

爱丽丝和梅厄夫人交好，这一点儿也不让人惊讶。梅厄夫人出身于美国密尔沃基市的一个木匠家庭，有一颗社会主义灵魂。她和爱丽丝一样，都排斥物欲和肤浅的价值观，讨厌自负之人，且认为德行高尚比实现野心更重要。而爱丽丝，战争时期的经历已证明，即使失去一切外物，只要还能思考，她就能活下来。梅厄夫人常说："里面的东西才重要。"爱丽丝对此甚为认同。

认识梅厄的时间是1949年末，那时爱丽丝已经在耶路撒冷音乐学院教课。一次，在耶路撒冷音乐学会的演奏会后，一个身穿印花服饰、扣子一直系到脖颈的女人走过来，她体貌强健、身材高大，用意第绪语对刚刚爱丽丝演奏的舒曼《C大调幻想曲》赞不绝口，她说："真是美不胜收，令人销魂！"梅厄夫人的认可令爱丽丝非常开心，因为这也是爱丽丝极喜欢的曲子，爱丽丝说："它的某些片段美得让人心痛，我简直心都碎了。"这是梅厄与爱丽丝的初次见面，此时梅厄是以色列首任驻苏大使，刚从莫斯科回国，距离她当选以色列总理还有近二十年的时光。毋庸置疑，梅厄肯定听过爱丽丝·赫兹-桑默的名字，因为后者曾在集中营演奏过多场音乐会，不仅是少数生还者之一，更是位优秀的钢琴家。

爱丽丝举办周末家庭音乐会后，渐渐远近闻名，常常有人慕名来听。梅厄和爱丽丝一样住在靠近老城区的哈维利亚区，她从布罗德那里听说了这个每周日的聚会活动。于是，20世纪50年代初的一个冬日晚上，爱丽丝家的例行音乐会即将开始，梅厄赶在开始前的一刻钟到达，想要先近距离地了解一下这位不爱出风头的捷克斯洛伐克钢琴家。梅厄进屋时，爱丽丝正在忙着削土豆，顺便炖一大罐牛肉汤。牛肉汤准备起来不费事儿，人睡着觉，汤小火煨着就可以。埋头干活的爱丽丝置身一堆小山一样高的土豆中，起先她只注意到一双笨重的黑鞋踩过滴水的厨房地板，留下一串鞋印。她刚用意第绪语招呼了一句"您好"，抬头就看见梅厄抓起毛巾，开始擦地了。爱丽丝毫不惊异，指着自己的布鞋，对眼前这个跟她一样不化妆、穿着布衣布裙的女人说："看起来我们都有一双快乐的大脚啊！"

两个女人哈哈大笑，她们都明白：那些喜欢时尚高跟鞋的女性，有多委屈自己的脚啊！接着，梅厄问也没问，就从厨房台子上拿了一把刀，也开始削土豆——她动作标准，就像个专业的副厨。爱丽丝没有阻止她，反而乐见其行，对眼前这位来客有种脾性相投的亲近感。

像相熟多年，她们非常自然地交谈起来，梅厄说："请别介意我来得有些早，我想看看有什么可以帮忙的。""是我得谢谢你呢。你喝点什么？咖啡？""今天报纸上登了一篇讲耶胡迪·梅纽因的文章，你读过没有？""当然。那场音乐会你听了吗？"……

梅厄一直极力推动政府大力救助难民，并发挥了重要作用。她问爱丽丝要不要帮忙。爱丽丝回答说很感激政府提供避难之所。梅厄问："你有孩子吗？他们还活着吗？"爱丽丝于是向梅厄介绍了自己既学钢琴，也学大提琴的十来岁的儿子。梅厄比爱丽丝大五岁，她谈起自己在基布兹集体农场——梅厄的社会主义灵魂就根植于这里——如何把两个孩子拉扯大，集体农场又为职业母亲们提供了多少帮助。梅厄又问："那你的孩子呢？你们怎么过来的？纳粹大屠杀时他在哪儿？他躲起来了吗？"

爱丽丝沉吟片刻，直视梅厄的双眼。“我从不谈起那段日子。我不想别人可怜我，也不愿儿子记住那些。我只希望他的童年幸福快乐。”梅厄顿时心生怜悯，却又不住追问：“但是，你怎么看德国人？我们的人民遭受了那么多苦难，你怎么理解这些？”起先，爱丽丝沉默不语。良久，她说道：“我搬到以色列，不是为了谈论过去。我爱这个年轻的国度，在这儿我也许能贡献自己的一份力。我活下来，不是为了活在过去，整天把自己和其他人弄得凄凄惨惨的。——马上，美妙的音乐就开演了。”梅厄没再问下去，而是说：“削土豆真开心。”

那天，在爱丽丝家的厨房里，音乐、削土豆、对以色列的爱，这些共通点让两个移民女人之间产生了友谊：她们一位是来自布拉格的钢琴家，一位是以色列未来的总理。

爱丽丝和梅厄的人生多有相似。两人都是单亲妈妈，两人的儿子都很有天赋，学的都是大提琴。梅厄的儿子梅纳汉·梅厄和拉斐相差十三岁，他们都有幸成为全世界最著名的大提琴家帕布罗·卡萨尔斯的门生。后来，两人都成了备受尊敬的演奏家，在世界各地巡演。梅纳汉当了特拉维夫以色列音乐学院的院长，而拉斐在伦敦盖德霍尔音乐学院做了大提琴教授。有一次，爱丽丝和梅厄谈起，自己的父亲没受过什么教育，也从不读什么经典作品，但两个女人一致同意，她们从父亲身上学到了比母亲更多的人生经验。再有，两个女人都是独身。梅厄一心扑在工作上，导致婚姻破裂；爱丽丝虽不乏追求者，但也从未再婚。自从移居以色列，就再没有男人能把她从音乐世界中拉出来了。

爱丽丝和梅厄都认为内在的真实比外部的标签重要。梅厄从小就是正统派犹太教徒，致力于将以色列建设成一个民主、平等、宽容的新国家。有次，她问爱丽丝的信仰是什么，爱丽丝答："我是犹太人，但我信仰贝多芬。相对于说出来的信仰，我想，如何真实地生活更重要。我的生活就是贝多芬。"当很多人在讲"回归真实生活"的时候，爱丽丝早已在过"真实生活"了。梅厄夫人也是如此。即便顶着"强硬派领导人"的大名，梅厄也从不掩饰个人悲喜。"很多人指责我处理公共事务不用脑子，只用心，"她在奥里亚娜·法拉奇的一次访问中说，"此言非虚……人若不能全心哭泣，也就不懂如何欢笑。"崇尚理想，跟随内心的召唤，坚持去做自己认为对的事，全心投入，是爱丽丝和梅厄一生都在坚持的准则。

随着爱丽丝在耶路撒冷和特拉维夫举办多场演奏会的消息

传开，更多以色列精英成为了她的座上宾。短短时间，她的家庭音乐会和公开演奏会就吸引了全国的大人物。马克斯·布罗德当起了她的大事记，向爱丽丝列了一份她的知名仰慕者名单：里奥纳德·伯恩斯坦[1]、艾萨克·斯特恩[2]、阿巴·埃班[3]、阿瑟·鲁宾斯坦[4]、耶胡迪·梅纽因[5]、祖宾·梅塔[6]、年轻的丹尼尔·巴伦博伊姆[7]、梅厄夫人，还有特迪·科勒克——未来的受人爱戴的耶路撒冷市市长。爱丽丝说：“科勒克举止优雅，风度翩翩，但梅厄才真懂音乐。梅厄没什么机会学习音乐，但常常去听音乐会，她能理解乐曲的含义。但科勒克，他可没那么懂。”爱丽丝提到，有那么几次，她都觉得科勒克在音乐会上睡着了。

如爱丽丝和其他人所言，梅厄夫人音乐素养很高。艾萨克·斯特恩、鲁道夫·塞尔金[8]和阿瑟·鲁宾斯坦是她的家中常客。

---

[1] 当代最杰出的音乐大师之一，钢琴家、指挥家、作曲家、音乐教育家。

[2] 美国著名小提琴家。

[3] 以色列外交之父，曾担任以色列驻美国大使、以色列驻联合国代表团团长，具有杰出的外交能力和卓越的演说才能。

[4] 20 世纪著名钢琴家之一，演奏富于诗意，被认为是浪漫学派在钢琴演奏领域最后一个最伟大的演奏家。

[5] 20 世纪世界著名小提琴演奏家、指挥家和作曲家。

[6] 印度籍犹太人，世界知名指挥家。指挥风格华美绚烂。

[7] 当代钢琴家、指挥家、室内演奏家。

[8] 美籍奥地利钢琴家，犹太人，以演奏巴赫作品见长。

梅厄夫人也是鲁宾斯坦国际钢琴大师赛的荣誉主席，她为这一身份甚为骄傲，曾感慨道：“尽管我对音乐所知不多，但我深爱着三位音乐大师，并与他们相交甚厚。他们就是：帕布罗·卡萨尔斯、阿瑟·鲁宾斯坦，还有我儿子！”爱丽丝觉得梅厄过于自谦，说：“梅厄懂得非常多，她对音乐所知不少。”

随着岁月流逝，梅厄的职位越升越高，两个女人的碰面也渐渐少了许多。梅厄担任了外交大臣，不停出访；爱丽丝也忙于抚养拉斐、教学、每天练琴4小时以上、在以色列各地巡演，分身乏术。得知梅厄当上第一位女总理，爱丽丝并不惊讶。在政治观点上，梅厄夫人是社会主义者，而爱丽丝倾向社会主义。她认为梅厄是总理的最佳人选，梅厄性情果敢、坚毅，对保卫国家有种炽热的本能，凭借个人努力一步步晋升到总理之位，当之无愧。直到现在，爱丽丝还说：“即使让她领导全世界，也让人很放心。她有常识，爱人民，为和平努力，但若有需要，她也会表现得很强硬。”

当上总理之后，即便事务繁忙，一有时间，梅厄夫人仍会去听音乐会。一天，她向爱丽丝坦承，自己一直想学钢琴，但小的时候在密尔沃基没钱学；后来有了工作、为人妻母，就没时间学了。梅厄问爱丽丝，年过七十，还能学弹琴吗？爱丽丝回答："活到老，学到老。""爱丽丝，"梅厄少有地迟疑了片刻，问道，"等我退休了，你愿意收我做学生，教我弹钢琴吗？"爱丽丝拍拍她的手说："能给您上课是我的荣幸，因为您很有音乐天赋。那，等您退休了我们就开始？"可惜的是，梅厄夫人罹患淋巴癌，于1978年离世了。

如今，爱丽丝移居英国已近30年。谈起生命中最快乐的时光，爱丽丝依然觉得是在以色列的日子。"在耶路撒冷，我看着儿子健康茁壮地成长，战争留下的创伤也随时间消失得无影无踪。我爱那些才华横溢的学生，他们有些是土生土长的以色列人，有些是巴勒斯坦、俄罗斯或美国人。那时的以色列是生命力和希望的象征，它既有过去悠久文明的承托，又作为一个新建国家走在探索和发展的行列中，民主、和平建立在宗教、民族和文化宽容的基础上。那个年代，一切似乎都有可能。"

爱丽丝的钢琴课

巴赫《b小调第二号管弦乐组曲》

这部处处洋溢着生命活力的作品，将人带至一场大型舞会的现场，各种风格的音乐依次响起，曲调变幻间，人们随着不同的节奏换着舞步，时而端庄优雅，时而俏皮活泼。跳着跳着，人们从室内来到林间、山野，动物们也跃跃欲试了……无论是座上的国王，还是乡间的平民，仿佛都聚在一起跳起舞来。这里没有阶级，没有国界和隔阂，美属于每个人。

第十二章

仇恨只能产生仇恨

我为自己内心的评价而弹，不理会别人怎么想。

自古以来，善恶就是并存的。该如何处理它、如何回应它，这才是关键。

你存于过去，也存于现在，其实是一体的。

衡量一个人的价值，不是看金钱、功名成就，或其他肤浅的标准，而是要抓紧每一天，努力活出人生的意义。

我们从无限中来，终将归于无限。

我们都只看自己想看到的东西。

1961年4月的一个早晨，耶路撒冷。爱丽丝和好友伊迪丝·斯坦纳-克劳斯手挽手，走进一间戒备森严的厅堂，坐在指定的席位上。庭上正在进行的是对纳粹党卫军中校阿道夫·艾希曼的公开审判。此前，爱丽丝从未进过法庭。

此次公审的主检察官、以色列国家总检察长吉迪恩·豪斯纳邀请爱丽丝旁听审讯。豪斯纳的女儿跟爱丽丝学钢琴，是她年纪最小的学生之一，两人由此结识。豪斯纳本人钢琴也弹得非常好，女儿上课结束后，豪斯纳常会坐上琴凳，和爱丽丝四手联弹，演奏几首曲子以自娱。虽然豪斯纳并非刑事律师，但他起草了对艾希曼的公诉书，指控艾希曼犯有多宗战争罪和反人类罪。

时任外交大臣的梅厄夫人解释，审判“绝非复仇……但至少应该对活着的人和世世代代将要出生的人有所交代。全世界必须仔细看清这些令人恐惧的真相，必须认识到全欧洲的犹太人都遭遇了什么，又是谁造成了这一切”。诺贝尔和平奖获得者埃利·威塞尔——当时还是《前进报》（*The Forward*）的一名年轻记者——负责报道此次审判，表示：“要是被告被宣判为无可救药、丧失人性，被逐出人类就好了！一想到与艾希曼同为人类，真令我愤怒。”

审判设在贝特海姆，一间大礼堂被临时改建成法庭，艾希曼面对三位在场法官，坐在防弹玻璃箱子里。为保证他的安全不受愤怒的人群伤害，以色列人特制了这个玻璃箱。这是全世界第一次用电视转播的审判。

党卫军中校阿道夫·艾希曼比爱丽丝小三岁。他出生在一个普通的中产阶级德国家庭，每周日都去路德教堂做礼拜；上学时才智平庸，高中就已辍学；面对权威，他极度顺服。1932年，受到纳粹党徒狂热的民族主义的蛊惑，艾希曼加入纳粹党，那时他刚刚失去了标准石油公司子公司的低贱工作，却在强大可怖的党卫军中谋得了一份差事，开始了新的事业。艾希曼其人深得党卫军信任。他娶了一个德国女人，在布拉格生活数年，很快从中士晋升为中校，主管“犹太移民中央办公室”的工作。到了1939年，艾希曼重返柏林之时，已被任命为盖世太保第四处B4科的主管了，这个新部门又被称为“犹太人事务科”。盖世太保的头目发现了艾希曼在组织工作上的才能，尤其是他不问任务、只求达成的意识。1942年，艾希曼被任命为“犹太人最终解决方案”的运输主管，负责大规模驱逐犹太人的火车分配和后勤供给工作，帮助纳粹将整个欧洲的犹太人运往希特勒的灭绝集中营。他策划了掠夺、侵占犹太人财物的方案，确保他的“事务科”从中渔利。屠杀多少犹太人、以什么顺序杀、在哪些国家杀，都是艾希曼一手策划的。

艾希曼本人负责建造了特莱西恩施塔特集中营，并将之作为中转营，有效控制犹太人，再将他们驱逐到奥斯维辛和其他死亡营。他曾不止一次视察特莱西恩施塔特这座希特勒认可的“典范集中营”。爱丽丝的哥哥保罗见过艾希曼，那是1944年下半年，保罗所在的小型管弦乐队被命令为纳粹最高统帅部演出。那也是艾希曼最后一次视察特莱西恩施塔特集中营。

战争结束十五年后，以色列情报机构最终将艾希曼捉拿归案。此前，在某些天主教教会人员的帮助下，艾希曼逃出德国，化名里卡多·克莱门特，与妻子和四个儿子住在布宜诺斯艾利斯。一位名叫彼得·马尔金的以色列摩萨德特工经过数日跟踪，最终将其抓获。马尔金观察到，艾希曼每天下班回家，会坐在地上陪小儿子玩耍。作为一个父母和多位亲人在大屠杀中遇害的人，面对此情此景，马尔金感到格外不安，且难以接受——这样的生活太正常了！他无法理解，一个看似如此正常的人，怎么能想出这么恶毒的点子，并将之付诸实践？后来，在抓捕了艾希曼之后，同他聊了很长时间。艾希曼面无表情，坚持说他一个人也没杀过。众所周知，战争临近结束之时，希姆莱曾命令停止杀戮，毁灭证据。但艾希曼闻之竟满腔愤怒，他无视这位党卫军头子的命令，反而加紧了对几千名匈牙利籍犹太人的死亡驱逐。

审判庭上，艾希曼反复辩称：“我只负责运输。”马尔金告诉他，自己的堂表亲兄弟、儿时最好的玩伴就被艾希曼杀死在奥斯维辛。他和艾希曼的儿子一样，都是金发碧眼，死的时候才6岁。艾希曼对此的回应是：“是的。但他是犹太人，不是吗？”

艾希曼既无悔意，也无歉疚，坚持辩称自己只是个“运输员”。对此，埃利·威塞尔写道：“我无法把目光从被告身上移开。他坐在玻璃笼子里，面无表情地做着笔记，听那些幸存者指控他对犹太人和全人类犯下的滔天罪行，似乎完全无动于衷。他面色如常。有人向我透露，他饮食健康，睡眠也不错。

想想审判的巨大压力吧，但他似乎承受得不错。检察官和法官都打不倒他。”威塞尔继续写道：“被告艾希曼言语直率，毫无忌惮。他引述文件和数字，没有半点隐晦——他一心想要活命。”

艾希曼把自己说成一个没有实权的小办事员，表示：“事无大小，我只按照阿道夫·希特勒和其他上级的事先通电指令办。”一度，他甚至宣称：“我不后悔。”审判中，艾希曼承认自己唯命是从，父母早已将“顺服”灌输进他的血液，他说：“现在，我回顾过去，发现建立在顺服与接受命令基础上的人生，其实很舒服。这样过日子，人根本不怎么需要思考。”

豪斯纳交叉质询艾希曼，问他杀害了百万犹太人，是否认为自己有罪，艾希曼答道：“在法律上，我是无罪的。但从人性来说……是的，对于驱逐他们，我有罪。”

爱丽丝聆听幸存者们讲述那难以置信的恐怖，感到其中的黑暗、痛苦和罪恶更甚她在特莱西恩施塔特的经历数倍。艾希曼被禁止穿着纳粹军装、佩戴纳粹标志；出庭时他身着西装，打着领带。庭上的艾希曼面色冷峻，看起来异常傲慢。爱丽丝在他脸上搜寻，想要发现一丝懊悔的痕迹。然而艾希曼的陈述居然是："我会笑着跳进坟墓，因为凭良心讲，手上握着五百万条人命，我真是心满意足。"他似乎很满意自己的所作所为，对自己为第三帝国履行职责、做出典范，倍感骄傲。

哲学政治家汉娜·阿伦特也是一名从纳粹德国逃出的难民，她负责为《纽约客》杂志报道此次审判。她觉得，艾希曼完全是个正常人，只不过盲目自大。党卫军给了他超乎想象的尊重和权力，这些他根本无法从文明社会中获得。阿伦特将之解释为"平庸之恶"："可悲的是，大多数恶行都是那些从未思考过行善或作恶的人所做的……艾希曼的麻烦之处恰恰在于，像他这样的人太多了，这些人既不是精神病，也不是虐待狂，他们之前是、现在也是非常正常的普通人。"❶

审讯一共持续了16周之久，但爱丽丝只去听了几天。她惊恐地发现，自己不禁可怜起那个坐在玻璃箱里的冷酷男人，叹他蹉跎光阴，毁掉了自己的一生，而且竟为整个日耳曼民族感

---

❶ 原文出自汉娜·阿伦特《艾希曼在耶路撒冷：关于平庸之恶的报告》。"阿伦特的结论是，艾希曼在法庭上语言支离破碎，与他缺乏思维能力密切相关，或者说，他无法从其他人的角度思考问题。他为人浅薄，但并不等于愚蠢。他并非仇恨或疯狂的化身，也不是嗜血狂魔，但更糟的是，那面目不清的纳粹邪恶本身，在一个封闭的系统里，被一群病态的黑帮分子经营运转，旨在拆解受害者的人性。纳粹曾成功地将法律秩序发挥到淋漓尽致，将错误和恶意作为新'正义'的基础。在第三帝国，邪恶失去了它的显著特征，大多数人难以识别。纳粹将它重新定义，变成一种公民规范。传统意义上的良善则成了一种单纯的诱惑，而大多数德国人快速学会了拒绝这种诱惑。在这个黑白颠倒的世界里，艾希曼，似乎已经意识不到作恶。在基本的道德问题上，阿伦特提出警告，那些从前被认为是体面的本能已不再理所当然。"摘录自阿莫斯·伊隆所做的引言。

到惋惜。爱丽丝想起，小时候曾背过一句歌德的名言：“民族仇恨是一种奇特的东西，你会发现，在文化发展程度最低的地方，这种情绪最强烈也最极端。”这个孕育出贝多芬、席勒、歌德和茨威格的文明开化之国，这个她年轻时代的理想之国，究竟出了什么错？最终，爱丽丝同意了汉娜·阿伦特的看法：“缺乏思考与邪恶之间存在着奇怪的相互依存关系。”而犹太哲学家马丁·布伯亦将纳粹的崛起等同于“上帝之蚀”。

但是，挤在法庭内外的人不耐烦地等待着正义被伸张，他们所展现出的激愤同样让爱丽丝心绪不宁。什么是正义？布伯和许多其他哲学家都反对处死艾希曼。全世界，没有一个法庭能挽回已逝的生命。爱丽丝内心悲恸，不能自已。席勒的话如同潮水般在她心中翻滚：“想要了解自己，就看看他人的行为；想要了解他人，就看看自己的内心。”

爱丽丝带着无法言喻的情绪，离开了法庭。

接下来的白天和整晚，她都沉浸于自己的祈祷仪式弹钢琴中。她演奏起巴赫的音乐——她称巴赫为“音乐的哲学家”。在巴赫的微妙精致和迂回曲折中，她终于找到完美。她发现人生的起起伏伏和无可预见，与巴赫的音乐有着异曲同工之妙：在通往解决之路上，巴赫信手插入不和谐音，不可捉摸，有时甚至难以察觉。然而这些不和谐之音却又不知不觉间成为整体的必然部分，融会出一阵喜悦。超乎语言，超乎国界，超乎世俗，超乎仇恨。巴赫给爱丽丝带来了心灵的宁静，她说："音乐将我们带入天堂。""音乐是巴赫的语言，也是我的语言，更是全人类的语言。无论你听巴赫的一部作品听了多少年，无论你练了多少小时，你总能愈加精进。巴赫是整个宇宙。他是无限的。"

爱丽丝是天生的存在主义者，她认为没有人是完全的好人，也没有人是完全的恶人，一切问题都在于人怎么应对本性中的善恶两面。爱丽丝确信，人类没有相互仇恨的遗传基因。但现在，她越来越多地发现，仇恨并非一时的现象。事实上，有很多人，他们无论身处何时何地，都可能对世界充满怨恨。怨恨一旦产生，就会传染。仇恨从一个人开始，就像小石子投入池塘，扩散开来，波及越来越多的群体，乃至蔓延到整个国家。1945年，纳粹大屠杀以希特勒军队的失败而告终，但至此之后，世界真的就径直走向宽容、和平了吗？并没有。个人偏见演变为群体仇恨，导致杀戮在21世纪依然时有发生。爱丽丝犹记得小时候，有个陌生人朝她大喊"肮脏的犹太人"，那是她此生第一次遭遇仇恨。爱丽丝强调："每个人都能选择善恶。选择权在我们自己，在我们每一个人的手上。不是我们的世界不够好，是我们每个人没有让它更好。当我们在指责、控诉和相互仇恨的时候，有没有想过，在向世界传递这些讯息的我们，是否也对它有一份责任呢？”爱丽丝不厌其烦地指出：“我们要为自己的言行负责。我们每个人都必须警惕头脑中的偏见与仇恨，防止这类言语脱口而出。没有人能幸免于此。没有人。要不是因为当时过度仇恨的社会气氛，希特勒根本上不了台。”

这些话看似简单，实则蕴含深意，不容辩驳。她说：“仇恨只能产生仇恨。”

爱丽丝的钢琴课

贝多芬《暴风雨奏鸣曲》

这首灰暗、激越却饱含力量的曲子，是贝多芬基于人生最大的精神危机而作。那时，耳疾已经令他感到宿命般的沉痛和绝望，再加上恋爱的挫折，他打算自杀，并且写下了遗书。但是最终，对生的希望和顽强的斗志，令他将自己的一腔悲愤、狂躁都化作了最爱的音乐，无法对人言说的痛苦都全然倾吐在旋律中。

第十三章

生活的好坏由自己来决定

不要站在那儿哭，试着去理解。

我并不喜欢自怨自艾，我并不是天底下唯一一个失去儿子的母亲。

与其在不愉快的关系里僵持着，不如学会放手。

处境越来越糟，我们反而越来越努力精进，努力传递出音乐的意义。

对音乐，我追求的是意义，我练习的是人生。

我由上帝而来，我将回归上帝。

♭…

“孩子的笑容是这世上最美丽的存在之一，它令每个母亲感到幸福，就像个奇迹。儿子的出生是我这辈子最幸福的事。第一次看见他笑，我简直叹为观止。”爱丽丝哲学家的一面又出现了，“孩童是幸福的，因为他不知道不幸是什么；孩童活得满足，因为他并不觉得缺少什么。我一直将抚养拉斐长大看做上天赐予我的最大特权，他教会我许多。”“无论发生什么，母亲的爱是孩子抵御外部世界的唯一屏障。”

当拉斐还是婴儿时，就习惯听着妈妈的钢琴声入眠，他总会睡得很沉很沉。3岁时，他会在空中挥弹手指，模仿妈妈弹琴的动作。一次，爱丽丝和歌手一起排练舒曼的曲子，小拉斐则跟着弹他的虚拟钢琴。突然，他哭了起来。“怎么了？出什么事了？”爱丽丝一边问，一边把拉斐抱到腿上。“音乐……太美了……”他轻轻抽泣。幼小孩童因音乐太美而落泪，这难道不是和音乐一样令人心醉吗？爱丽丝亲吻小拉斐的脸颊，以示理解和安慰。在接下来的练习时间里，她弹着琴，怀里是静静听琴的拉斐，母子俩就这样度过了一个下午。傍晚，爱丽丝告诉丈夫白天发生的事儿。“我们的儿子是个天才。”她向利奥波德宣布。

那时，大多数传统的欧洲父母都相信，孩子需要严格管束，严厉教育。爱丽丝则不以为然。她像尊重和善待任何一个成年人一样，对待敏感的小拉斐。她从一开始就意识到，她发每个音，说每句话，都会对她正在成长的孩子产生潜移默化的影响。

1943年，拉斐6岁，他和爱丽丝被带入特莱西恩施塔特。因为太小，他被允许和爱丽丝一起住在女监，母子俩合睡一张狭窄的木板床。时光流逝，几天变成了几周，几周变成了几个月，爱丽丝将这种拥挤理解成一个意味深长的祝福。“孩子贴近你，就能感觉到你的体温，就会觉得安全。在正常情况下如此，在特莱西恩施塔特，这样的安排对孩子的健康成长就更为重要。”爱丽丝引用她喜欢的犹太哲学家马丁·布伯的话道：“世界虽难以理解，但可以拥抱。拥抱其中的一个存在，就可以拥抱全世界。”

b…

在集中营肮脏的环境中，在疾病和死亡的威胁中，爱丽丝艰难地抚养着儿子。她最害怕的时刻莫过于听见孩子喊饿，这时她总是分外心痛。因为她什么都没有，什么都给不了。还有拉斐问她的问题，拉斐不停地问妈妈，什么是战争？我们为什么不回家？什么是犹太人？我们为什么是犹太人？……爱丽丝不知如何回答，于是编了一个又一个的童话故事讲给儿子听，一方面为了安抚他的焦虑，另一方面也可以打发时间。她让拉斐想象他们是在台上演戏。坏女巫强迫他们搭错了列车，现在他们要耐心等待好士兵的营救。爱丽丝尽己所能地带着儿子欢笑，让一切看上去不是那么糟糕。母子俩午餐和晚餐都只能喝稀粥，爱丽丝就讲了一个国王宴会的故事，她让拉斐想象他们正在国王的宴会上，乐队在演奏着欢快的歌曲，会上有无数宾客，都在享用美食，想吃什么就有什么。拉斐和她也在其中，有成堆的土豆，还有拉斐最爱的巧克力，真是太美味了，他们都吃得饱饱的。“那有冰淇淋吗？”拉斐问。“有的。什么都有，你想吃的任何美味，都能找到。”爱丽丝回道。“嗯！冰淇淋太好吃了！……”

小拉斐精力充沛、胆子大，为了保命，爱丽丝必须让他学会遵守纪律，但她从来不惩罚孩子，只跟他讲道理。“用严肃的口气给孩子下命令，并不比说气话更好。严厉的话语代表轻蔑，既没有温暖，又缺乏爱意。”她解释说，“在集中营里，无论对大人还是孩子，爱都是活下去的支柱，因此，永远、永远不能让孩子怀疑你对他的爱。”

拉斐7岁时，爱丽丝成了单亲妈妈。利奥波德被送往奥斯维辛集中营，而她和拉斐得继续待在特莱西恩施塔特。拉斐十分害怕，嘴里不停念叨：“现在爸爸走了，如果他们再把你带走，在这个世界上就剩我一个人了。”“在这个世界上”、“一个人”，幼小的孩子用着大人听来都心碎的词，诉说着他的恐惧。爱丽丝紧紧地抱住拉斐，向他保证，自己永远不会离开他。她一边安慰着儿子，一边跟自己说：一定要活下去！——保护拉斐成了她的使命。“我不停地编故事。我哈哈大笑。我从不让孩子看到我的忧虑和恐惧。集中营里没有眼泪。笑是我们唯一的解药。”爱丽丝说。

《布伦迪巴》的导演鲁迪·弗罗伊登费尔德邀请拉斐出演剧中的小麻雀一角。拉斐很快胜任，不但能快速记住唱段，并且唱起来调门儿分毫不差，令导演很是惊讶。由于爱丽丝要在工厂强制劳动，无法参与排练、指导拉斐，监督这个小淘气的重任就落在了剧组中更大一些的孩子身上。拉斐虽然调皮，但从不出格，小小年纪很认真地对待自己小麻雀的角色，表演时从未错过拍子，也没有唱走一个音。

战后，爱丽丝不愿和任何人谈起母子俩在集中营的日子，她怕拉斐会偷听。她希望拉斐忘记那段可怕的日子。多年以后，拉斐早已成年了，他联系上曾在《布伦迪巴》剧组中照顾过自己的小姐姐，问："跟我说说，我在《布伦迪巴》中的演出怎么样？我怎么什么都不记得了？"也许是爱丽丝的心愿成了真，又或者上天眷顾这对母子，成年后的拉斐确实将那段记忆稀释在岁月的长河中了。

在生活的苦难和艰辛面前，爱丽丝习惯主动面对，她笑着说："生活的好坏都由我自己来决定。我来决定，而不是生活本身。我们所经历的一切，都是一个礼物，一种馈赠，也许它看上去很悲惨，可是谁能说完全不可以创造快乐呢？不管生活好坏，我都往好的方面看。我不愿我们生活在悲惨之中，也不愿意向别人传递这种信号。倘若痛苦被忘记了，或者看似痛苦，却并没造成记忆深刻的损害，这难道不是好事吗？往好的方面看，珍惜它，并传递给我们所爱的人。我认为这样对所有人都好。"

b…

拉斐以母亲为榜样，搬到以色列后，他很快适应了新生活，也接受了以色列的文化。他在学校里功课不错，像海绵一样吸收希伯来语知识。爱丽丝从不需要提醒他写作业，或是练琴。由于爱丽丝工作忙碌，拉斐常常独处，并学会了安排自己的时间和生活。

拉斐每天上学前都会跟妈妈学1小时的钢琴，同时，他也在耶路撒冷音乐学院学习大提琴。拉斐的钢琴弹得很好，10岁已经可以在学校的音乐会上一人包办两首贝多芬的奏鸣曲。爱丽丝对此非常自豪。但拉斐似乎对大提琴丰满的音色更感兴趣，他演奏大提琴进步很快，高中时已能演奏大部分经典难曲了。爱丽丝支持儿子对大提琴的选择。

1954年是拉斐的幸运年。著名的法国大提琴家保罗·托特利埃要移居（至少是长住）基布兹。在母亲的鼓励下，拉斐坐上大巴，在尘沙飞扬的道路上颠簸了两个小时，赶去为这位著名的大提琴家演奏。托特利埃听完试奏，对这个年轻人的才华和音乐修养大为赞叹。为拉斐试讲了一节课后，托特利埃建议他先在耶路撒冷完成高中学业，然后去巴黎音乐学院深造，跟自己继续学习。托特利埃还许诺提供奖学金。

1958年，拉斐收到了音乐学院的录取通知。但是随之而来的，母子俩也面临了一个有趣的挑战。怎么联系呢？电话费太贵，写信比较经济。可是尽管爱丽丝会说希伯来语，但只能读写最基本的内容。而拉斐既不会写捷克语，也不会写德语。最后母子俩商定，最好用希伯来语交流。于是，爱丽丝重新学起了希伯来语。她写了很多信给拉斐，在写信的过程中，她的希伯来语越发流利了。

四年后，拉斐以令人艳羡的第一名成绩从音乐学院毕业。随后的日子里，在一系列获奖活动和音乐会中，他开始扬名海外，并最终接受了曼彻斯特英国皇家北方音乐学院的邀请，担任大提琴系的系主任，生活日渐安稳下来。拉斐在那儿呆了22年。他还在伦敦皇家音乐学院指挥第一室内管弦乐团，并在伦敦安家。此外，他还和妻子吉纳维芙·蒂利耶在法国乡村热克斯创办了一年一度的夏季室内乐音乐节。

从60年代末到70年代初，爱丽丝常常陪伴拉斐出行。母子俩在欧洲巡演，携手举办大提琴与钢琴音乐会，甚至一度还去过美国和南美地区。与此同时，拉斐继续斩获各种奖项和荣誉，包括2000年在纽伦堡举办的“南德意志文化大奖”，英国皇太后授予的“皇家音乐学院荣誉成员”，后者也是大不列颠对音乐家的最高认可。

2000年，拉斐在伦敦的威格摩尔音乐厅举办了第十届年度纪念音乐会，纪念自己的老师、伟大的音乐家托特利埃。这场纪念音乐会是拉斐生前的最后一项大型活动，因为仅一年后，他也离开了人世。托特利埃与爱丽丝一样，也信仰巴赫的力量。他说：“约翰·塞巴斯蒂安·巴赫代表了人类的最高成就：他是至高无上的……世界和平，亦是如此。如果我们想要子孙后代也能欣赏巴赫，就必须携手合作，应对核战的危险。”托特利埃对音乐和人生的理想主义，不仅影响了拉斐的艺术生涯，而且强化了他从母亲那儿承袭的音乐才华和道德准则。拉斐对此一生感激。

拉斐结过两次婚，前妻是法国籍钢琴家西尔维·奥特，他们相识于巴黎音乐学院。当得知拉斐与西尔维订婚，爱丽丝十分兴奋，热烈欢迎未来的儿媳。拉斐和西尔维婚后生了两个漂亮孩子——戴维和阿里尔，爱丽丝喜不自胜。但数年之后，爱丽丝注意到，儿子渐渐忧郁起来，他和西尔维时常为了一些琐事爆发激烈的争吵。尽管他们从不在爱丽丝面前抱怨，也从不提自己的问题，但爱丽丝还是感觉到：两人已互生敌意，渐行渐远。一天，在伦敦的家中，三人正围坐在餐桌旁，爱丽丝盯着他俩的脸，径直说道："你们两个都很好，但你们在一起并不快乐，继续这样下去没有意义。而且，这种家庭氛围对孩子也不好。"拉斐和西尔维惊讶地对视了一眼，几乎不敢相信，爱丽丝——孩子的祖母，建议他们分手。

拉斐问："你是说，你觉得我们需要离婚吗？"

"看起来你们也没有其他办法了。"爱丽丝回答。

"但是我们请不起律师。"拉斐找着托词。

"你们真的需要律师吗？你们都是有理性的人，看看你们现在的生活，你们真的快乐吗？难道不是在给彼此制造痛苦吗？与其在不愉快的关系里僵持着，不如学会放手。也想想你们的孩子，你们彼此已经难以找到爱意，以为我看不出来吗？这样勉强维持着'家'的形式，真是没有必要。我希望你们都能获得快乐。以自己的方式，重新找回你们的快乐。"拉斐和西尔维都陷入沉默，他们知道，爱丽丝的话是对的。最后，爱丽丝说："如果你们实在觉着有必要，那我做你们的律师吧。"说完，她抓过一支笔、一张纸，按他俩的意思，起草了一份两人都能接受的离婚协议。

这场非正式家庭会议的结果是：没过多久，拉斐和西尔维就和平友好地离婚了。作为儿子和儿媳的“律师”，爱丽丝坚持做到不偏不倚，她甚至为他们支付了申请法庭许可所需文件的处理费用。西尔维对爱丽丝在这件事中的表现甚是感激和钦佩。离婚事件已经过去了三十年，直到现在，西尔维依然会打电话给爱丽丝，问她安好。

拉斐与西尔维离婚后，与多年前求学法国时的同学、法国人吉纳维芙·蒂利耶相爱，后定居伦敦。

说起儿子的离婚，爱丽丝感叹：“为什么离婚要充满怨恨，弄得这么复杂呢？我儿子和儿媳的婚姻是他们年轻时犯下的错误。没有一位拉比、牧师或法官能保证，一段婚姻能白头到老。他俩在一起越来越痛苦，两人想要的、需要的，都不再能从婚姻中获得了。离婚就是最合理的解决方案。这样对他们的两个孩子也好，因为不必在父母互不满意的氛围下长大了。这是常识，不过是常识罢了，只是似乎很多人并不明白，或者，他们头脑中明白，但轮到自己的时候，就不知怎么做了。”她微闭双目，思考片刻，继而开口：“离婚不一定是坏事。现在，我活了这么久，看到两个孙子长大了，拉斐的前妻和妻子也都上了年纪，他们都过得很好，我知道这是正确的决定。是的，我为此骄傲。大多数人都说，你不能干涉孩子们的生活。但有时候，他们需要你的帮助，需要你轻轻地推一把……”

拉斐过世于2001年11月13日，距离爱丽丝98岁生日还有13天。当晚，他在以色列完成一场音乐会。音乐会非常成功，他整晚演奏的都是贝多芬。音乐会后，拉斐因不舒服被送到医院，医生检查出他身体里有个“不定时炸弹”——髂动脉瘤。为了救命，他躺上了手术台，可是再也没有醒过来。

爱丽丝的亲友们都很担心她，因为这无疑是她人生中的一大劫难。然而，面对这个最残酷的打击，爱丽丝并未就此倒下，而是带着爱和尊严，接受了这个无法改变的事实，做出了一个令人敬重的榜样。她说：“我很感激，他没受什么罪，他人生中的最后一天很美好；我很感激，他最后的记忆是音乐；我很感激，他不知道自己会死，也就不必害怕；我很感激，他再也不用受苦了。”相对于自己的悲痛，她更担心吉纳维芙和两个孙子。

拉斐的葬礼是一场音乐葬礼，就像他的音乐人生一样。他曾在一篇笔记中写道：“我没有野心去做最好的那个，丝毫没有。我想把音乐的大美展现出来。音乐带给我的一大乐趣就在于：让别人去听音乐，去感受理想世界的一小部分。在那里，一切都是那么愉快，那么美好，哪怕只有一瞬……音乐是一种祝福。音乐将我们带到和平之岛。”

回想起拉斐的逝世，爱丽丝说：“我现在很高兴，因为他免去了年老的痛苦与悲伤。他不是世间常见的那种人，他从不野心勃勃、嫉贤妒能，他话不多，却不吝于赞美别人。他热爱音乐，像我一样。他是我儿子，我感到很骄傲。”环顾房间四周拉斐的相片，爱丽丝说：“这些相片提醒我，他已不在人世。”伴着拉斐演奏的博胡斯拉夫·马蒂奴[1]的《第二大提琴奏鸣曲》，她闭起双眼：“我儿子只让我伤心过一次，就是他死的时候。”

现在，几乎每个月，爱丽丝都会在孙子的搀扶下，去拉斐的墓地看看。简单的墓碑上刻着希伯来语。别人问她是否相信祈祷，她答道：“是的，在我们最需要的时候，它帮助我们渡过难关。但我并不喜欢自怨自艾，我并不是天底下唯一一个失去儿子的母亲。也许，我从伟大的钢琴家克拉拉·舒曼[2]身上汲

[1] 20世纪最重要的捷克作曲家之一，1959年逝于瑞士。

[2] 克拉拉·舒曼（1819—1896），德国著名钢琴家、作曲家，罗伯特·舒曼之妻。早期以演奏贝多芬的作品闻名，后期以演奏肖邦和丈夫舒曼的作品著称。作品有钢琴协奏曲、钢琴奏鸣曲、钢琴独奏曲等，曾编辑《罗伯特·舒曼全集》。

取了力量。一百年前，克拉拉·舒曼失去了两个孩子——费利克斯和茱莉亚，是音乐支撑她走下去，直至她最后一次闭上眼睛。”

贝多芬《热情奏鸣曲》

热情是人心中不灭的火，即便在最微弱时，它饱受打击，也会再次蓬勃，不死、不息。如同生命永恒的光，带着希望、梦想和情怀，鼓励人勇敢向前和持续探索。这是贝多芬心中的火，也是每个人心中的火。没有什么能阻挠心中的热情，没有什么能浇灭生的希望，世界尽在每个人手中，热情点燃心中的荣耀。

第十四章

伦敦生活

享受你的任务，即使它很琐碎。这些任务能帮助你克服生活中更大的挑战。

爱，会让事情做得更好。当你爱上一件事时，就去做它。如果不去做，你将一事无成。

仇恨只能产生仇恨。

没有一位拉比、牧师或法官能保证，一段婚姻能白头到老。离婚不一定是坏事。

我是犹太人，但我的宗教是贝多芬。一旦信仰了贝多芬，我不再是我，躯体已无法抵御这种改变。

爱并不是相互凝视，而是朝着同一个方向遥望。

20世纪80年代，爱丽丝搬到伦敦，后来就一直住在这里。那时，拉斐和妻子吉纳维芙已在伦敦定居，而爱丽丝年事已高，她在以色列的两个姐姐也都去世了。拉斐提出，她现在是时候离开第二个家了。起先，爱丽丝很反对。因为她不想“退休”，她无法想象没有工作的生活。特别是，她的身体还很健康，而她的以色列学生需要她。“我爱我的学生，我的学生也爱我。”她对拉斐说。她甚至觉着离开这个给她机会重塑人生的国度，简直忘恩负义。

拉斐花了一番力气来说服母亲，他请求爱丽丝移居伦敦，住到自己身边。母子俩分居两地太久，拉斐希望能更多地照顾她。爱丽丝并不期望被照顾，但因为对儿子的爱，她最终被说服了。于是，她卖掉了耶路撒冷的公寓，打包好行李，像多年前离开布拉格一样，一旦决定了，就不再犹豫。

很快，爱丽丝要离开的消息在朋友、同事和学生之间传开了。大家知道她要走，都很难过。她在耶路撒冷的最后一天，家里就像开放参观日。客人们不请自来，直到深夜，空无一物的公寓还挤满了人。朋友们为她带来了美食、照片、各种小礼物，甚至一些可能需要的小物件。她以微笑抚慰他们的泪眼："到伦敦来看我。那儿也不是很远。"

爱丽丝最难过的是要离开自己最好的朋友、钢琴家伊迪丝。她们相识于战前的布拉格，伊迪丝第一次按响爱丽丝的门铃，是请她听自己弹几段斯美塔那的《捷克舞曲》；在特莱西恩施塔特，她们相互支撑，挨过了那段黑暗的监禁岁月；在前后移居以色列后，她们又一同分享在这个新国家重新生活的喜悦。她们是彼此人生的见证者！爱丽丝和伊迪丝约定：以后每周都要通电话，因为她们永远是最好的朋友。

移居伦敦之前，爱丽丝也常来英国。她喜爱伦敦活跃的音乐生活，喜爱伦敦街头随处可见的高大树木与攀援的常春藤，喜爱这种"一切触手可及"的生活方式。再有，她还爱上了英国凉爽的夏天。但是无论多么喜欢英国，儿子才是她愿意移居于此的唯一原因。

从住进伦敦汉普斯特德的第一天起，爱丽丝就给自己定了一个健康计划。每天，她会先步行去游泳池，然后游一小时泳。之后回家，再练至少三小时钢琴，振奋精神。搬来伦敦的头几个月，捷克和以色列的流亡社区听说爱丽丝来了伦敦，许多学生蜂拥而至。她一刻也没耽误，就开始联系旧朋友，参加音乐会，认识新朋友。她说："我总能轻易交到朋友。你若爱人，人人爱你。"

1986年，刚在伦敦安定不久，83岁的爱丽丝被查出乳腺癌。拉斐陪母亲就诊，一起讨论治疗方案。医生忧心忡忡，又不愿吓坏她，详细解释了老年人得乳腺癌和年轻人不一样。"我们可以做手术切除胸腺。但您恢复起来需要时间，而且，因为您年纪较大，麻醉和手术本身的风险也就更大。"

"如果我不做手术呢？"爱丽丝问。

"像您这样的年纪，"医生说，"肿瘤生长得非常缓慢。您能活到癌症非常严重的可能性极小。"

听到这个回答，爱丽丝递给拉斐一个非常受辱的眼神，说道："既然如此，我当然要做手术。最快什么时候能手术？癌细胞必须清除。"

见医生一脸惊异，拉斐插话道："医生，除了癌症，我母

亲在其他方面都没问题。她每天至少游一英里泳，饮食也很健康，请别把她当老人。”

说到这儿，爱丽丝爽朗大笑。“二十多年过去了，我还活着。我儿子是对的。”

爱丽丝乐于接受新事物，喜欢新想法、新书、新概念，还有新鲜的年轻人。她的好奇心永无止境，也永远闲不住。她的钢琴演奏、风趣谈吐，以及她从音乐到文学再到哲学几乎无所不包的兴趣，触动了瓦莱丽·鲁本——与爱丽丝同住一幢公寓的前出版社主管。鲁本女士建议她和自己一起去上第三年龄大学。

爱丽丝所上的第三年龄大学是由一些社会活动家在剑桥大学设立的。第三年龄大学代表的是“大学”在古代的本意，即一群人为了学习的目的聚集到一起。学校不设考试、不发证书，只为老人，尤其是退休后的老人设立，为他们提供学习的场所，力图拓展他们的精神世界，丰富他们的生活。所有老师都是自愿授课，也有些课程是自发的，由学生主持研究并讲授。大学里最大的分部开设了超过140门课程，成员有15000人，离爱丽丝家很近。

爱丽丝抓住机会，立刻报了两门课：一门是现代欧洲史，一门是斯宾诺莎和康德作品研究。没过多久，同学们和教授就发现了爱丽丝的不同之处。她反复研读文本，每次上课时都会向教授提出尖锐问题。学习历史的时候，她提出关于历史解释的准确性和可靠性的疑问：“如果历史学家心存偏见，故意扭曲真相以证明自己的预设怎么办？您怎么发现呢？”在“历史和哲学，哪个学科应该先学”的讨论中，她也常常大胆发言。

爱丽丝对哲学的兴趣，源于姐夫费利克斯·韦尔什。韦尔什的第二学位正是布拉格查理大学哲学博士。但直到在第三年龄大学正式学习哲学，爱丽丝才钻研起斯宾诺莎。2001年，拉斐逝世后，爱丽丝更热切地投入人生意义的探索中。她发现，哲学不光存在于古代哲学家生活的历史背景中，在现代人的生活里，那些具有决定意义的人生经历，同样具有深刻的哲学意义。人生体尝悲伤无可避免，可是如何带着悲伤生活，乃至超越悲伤，才是每个人更该思考的问题。爱丽丝对生活的洞见与斯宾诺莎的哲学，有着深深的共鸣。

斯宾诺莎认为，上帝和自然是同义词；正如上帝和自然都是无限的，善与恶也是我们称之为“存在”的一部分。这点正对应了爱丽丝的存在主义人生观：善与恶来自人的选择，而没有人是绝对的善或恶。斯宾诺莎相信每一件事物都与其他事物相连；我们要爱上帝，但是上帝不必爱我们；理性与知识的人生是最高的德行。斯宾诺莎认为，存在即上帝。这也与爱丽丝一生秉持的信念异曲同工。她从不退却或逃避，无论身处集中营，还是面对亲人的离世，她都积极去发现其中的正面意义，深信没有一种黑暗是完全看不到亮光的；在命运给予的考验中，她总是选择做个主动迎接的人，她深入地思考，一旦想清楚就立刻行动，不犹豫，不彷徨，果断、坚定；她深信精神具备抵御现实苦痛的力量，一切存在都有它的缘由，抱怨于事无补。她说："不要站在那儿哭，试着去理解。我们从无限中来，终将归于无限。身体可死，灵魂不灭。这是人生的意义，也是存在的意义。"

常常有人来拜访爱丽丝，他们抱怨财务出了状况、年纪大了、身体有毛病……似乎无穷无尽的问题无法解决。听到这些，爱丽丝笑着说："真的有那么糟吗？要说老，我可比你老多了。别纠结那些问题了，都会解决的。等你活得够久，就会知道，其实生命里有很多馈赠呢！每一天都是礼物，美好的礼物。"听到年轻女性倾诉感情困扰，爱丽丝说："享受性，享受快乐，享受爱情，但别被婚姻束缚。管好你的事业，过好你自己的生活。"

爱丽丝在第三年龄大学听课，每周三节，一直听到104岁。她深深相信，正规学习是长寿的主要原因，学习让人保持身心积极正面。现在，108岁的爱丽丝已经无法离家去学校了，但她的哲学教授仍每周都会来与她探讨哲学；她的儿媳吉纳维芙每周都会来看望她；而有越来越多的人则希望认识她、拜访她——期望从爱丽丝这里获得一种智慧或指导。

每天，她在位于伦敦贝尔塞斯区的公寓里弹琴，演奏巴赫、贝多芬、舒曼、舒伯特、勃拉姆斯……有时她也会反复聆听马勒的《第二交响曲》，曲子第四章的开篇处，有她精神上的主题歌——《太初之光》。低音歌唱家在开头唱道：“我由上帝而来，我将回归上帝。”即将走到生命终点之际，爱丽丝发现，所有人都是无限上帝或宇宙的一颗微粒，她自己也不例外。她在有限中感知无限：“我活在音乐里，也将死在音乐里。”她总是活在当下，并从中找到快乐。“我每天都很开心，笑得比别人都多。”

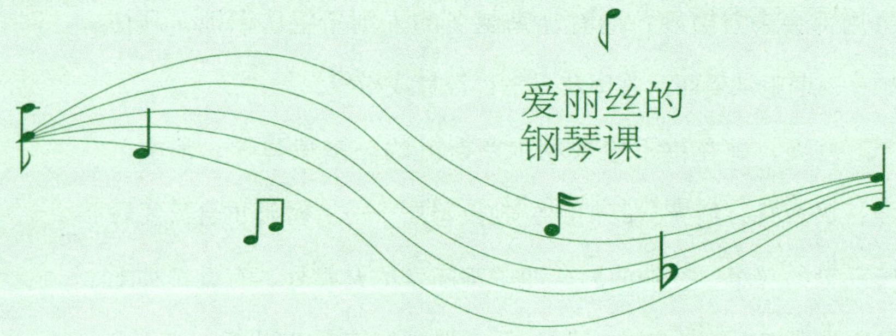

门德尔松《d小调第一钢琴三重奏》

这首被舒曼誉为“继贝多芬之后最伟大的钢琴三重奏”的作品，将大提琴的深沉、哀伤，小提琴的细腻温柔，以及钢琴的诗意浪漫，完美地结合在一起。这是门德尔松创作巅峰期的代表作之一，也是他对当时幸福美满生活的情感表达。一切舒心、愉快、积极和风度都在曲子中得以呈现，时而激动，时而宁静，时而俏皮，时而热烈……如斯丰沛。

尾声

静物写生

内在的真实比外部的标签重要。

活到老，学到老。

一旦决定了，就不再犹豫。

身为音乐家的最大福祉，是你可以只练一首曲子，练上一百年，可是总会有新的发现，永远不会厌倦。

人生那么美，不适合用来伤感和缅怀，只要记忆就够了，“记忆是灵魂的抄写员”。

快乐地活着，感恩生活。

♫…

走进爱丽丝的单间小公寓，一幅装框的巨型肖像画映入眼帘。画中男子衣着时髦，英气勃发，一只眼睛蒙着眼罩。他是爱丽丝最尊敬的钢琴老师瓦茨拉夫·斯捷潘，捷克斯洛伐克最出色、最具创意的钢琴家之一。一战期间，斯捷潘遭遇事故，失去了左眼，但这丝毫无损他的艺术才华。无论是音乐还是个性上，他都对爱丽丝影响重大。1945年，爱丽丝重返布拉格，第一个想见的人就是斯捷潘，只是斯捷潘已因癌症过世，爱丽丝伤心欲绝。后来，斯捷潘的遗孀将这幅肖像画送给她留作纪念。

小屋的正中是爱丽丝的斯坦威钢琴，质朴的木色琴身透着时光的气息。钢琴一尘不染，一座光明节烛台被摆在上面，十分醒目。这座烛台是爱丽丝移居英国时，从以色列带来的唯一一件犹太标志物。每到光明节这个代表奉献的节日，爱丽丝都欢喜地为她的儿孙们点燃光明节的蜡烛，像小时候在布拉格家人为她做的一样。每点燃一根蜡烛，爱丽丝都默默地祈祷，倾吐自己的祝福和感恩。

视线往上，钢琴后的墙上是一张拉斐与帕布罗·卡萨尔斯的合影，摄于1965年夏，声名赫赫的马尔伯勒音乐节。那次的音乐节上，拉斐参与演奏巴赫的《b小调第二号管弦乐组曲》，卡萨尔斯担任指挥。两周后，拉斐担任博凯里尼弦乐五重奏的大提琴手，卡萨尔斯则当了他的观众。当拉斐写信给爱丽丝，向她转述音乐会盛况时，爱丽丝激动万分——有伟大的卡萨尔斯在场，哪怕片刻，也是永恒！她回信给身在美国的儿子，提醒他把每一天都清楚地记录下来，要把大师的每一句话都牢牢记住。

钢琴的前面，是包着绿色天鹅绒面的琴凳，经年累月，颜色已经褪得差不多了。琴凳上，一堆乐谱摞在上面，更多的乐谱则堆在地上。其中一本精装大乐谱，谱页已经泛黄，多处磨损，已经很脆弱了。这是爱丽丝常翻的一本——贝多芬的《第五小提琴奏鸣曲》的钢琴部分。它是爱丽丝弹过无数次的曲子，从初学钢琴不久，和保罗一起合奏；到结婚时和利奥波德共奏这首曲子；再到二战前参加欧洲音乐会，多次演绎此曲；

在特莱西恩施塔特，与捷克爱乐乐团合奏；然后是以色列、伦敦……这曲子陪伴了爱丽丝一生。她常感叹，贝多芬真可谓神人。他不仅有旋律，还具有丰富的思想，深邃且激烈。这首曲子就像钢琴和小提琴之间的民主对话。主题反复出现，将两件乐器编织进相互尊重又不失亲密的对话中。没有哪个压住了另一个的风采，也没有一方能离开另一方。众所周知，这首曲子起初并不叫“春天”，是在奏鸣曲发表后，由于旋律极为阳光温柔，人们便给它取了“春天”这个小名。

离钢琴不远，一幅弦乐四重奏的图片挂在墙上。图片是一幅战前照片的复印件，里面是爱丽丝的两位家人——哥哥保罗和丈夫利奥波德，分别担任第一小提琴手、第二小提琴手。爱丽丝记得，虽然是业余四重奏，实际上颇具专业水准，每周四晚的乐队排练不容错过。回忆起这些，爱丽丝如同回到昨日，笑容从嘴角延展开来，布满皱纹的脸上神采飞扬。

爱丽丝的单间公寓不大，陈旧而简朴，家具更是风格迥异，多数都是有了年头的样子。除了她的古董钢琴、绿色的天鹅绒软座椅、几张金属桌台，再可称为大件的，可能就是她的单人床了。单人床简单朴素，上面铺着花纹古朴的床单。床头柜上，伸手可及之处，放着几本音乐书籍、卡夫卡的书，还有茨威格的《昨日的世界》。这是1945年，心爱的米哈尔·马雷斯送给她的。多年以后，无论在以色列，还是在伦敦，《昨日的世界》一直是她最亲密的伙伴。她读了又读，翻了又翻，爱不释手。爱丽丝年轻时曾见过茨威格，因为茨威格的朋友马勒和理查德·施特劳斯[1]都是她的圈内人。一开始，这本书对她而言，只是与过去的一种联系，书中的描述让她回忆起早期在布拉格的美好生活。但是后来，随着对茨威格本人及其作品的认识加深，爱丽丝深深爱上了这本书。

茨威格对希特勒刚上台时的描述，常常萦绕在爱丽丝心头。“国会纵火案发生了，议会消失了，戈林放出了手下党羽，霎时间，德意志所有的法律土崩瓦解……在全世界还没有习以为常时，国家社会主义（即纳粹）操纵着厚颜无耻的欺骗伎俩，在时机成熟以前，不愿意暴露他们的全部野心。他们小心翼翼地开始了练习：每次下一小份剂量，然后等待一会儿……看看世界的良知有没有消化这个剂量……药量越加越大，直到整个欧洲亡于他们之手。”“每个人都把‘不会太久’挂在嘴边……这只是我们因为不愿放弃惯常生活所做的自

[1] 德国作曲家、指挥家。

我欺骗。”[1]茨威格对那段岁月的描述令爱丽丝赞叹。她总结说，全世界不想看透真相，直到为时已晚。

爱丽丝感慨，如果茨威格当初不那么绝望，能再耐心些就好了。他很聪明，本可以写出更多佳作。如果活得再久一些，也许，他就会找到希望。她说：“我们只有老了，才能发现人生的美丽。”

在爱丽丝的单人床上方，挂着两幅彩色的小油画，画的是耶路撒冷的丘陵。这提醒着爱丽丝，这个国家曾给她庇护、给她新生。在这片故土上，她度过了人生中最快乐的时光。与之对比的，爱丽丝的家中没有任何“捷克”的东西。这是因为她觉得，已经与那个童年生活过的城市没什么关系了。爱丽丝始终关注当下的生活。她接受现实，从不让愤怒或沮丧控制自己，哪怕只有几分钟。她始终有勇气，从不沉湎于过去，既不依从他人，亦从不放弃。战后，她从未参加过那些集中营幸存者的集会活动，也从未想过再回捷克。她护照上的身份是以色列公民，在英国永久居留。这就是爱丽丝的当下。

正对床的墙上，一幅无框油画十分醒目。画中是爱丽丝的儿子拉斐，正手扶着他心爱的大提琴，栩栩如生。这幅画是爱

[1] 原文出自茨威格《昨日的世界》。

丽丝100岁的生日礼物，是她在耶路撒冷的一位多才多艺的学生，以照片为原型画就的。每天早上，爱丽丝一睁眼，第一个看到的就是拉斐深思的脸庞；每天晚上，爱丽丝临睡前，最后看到的也是儿子的脸。她说，这幅画让她感到与儿子是如此亲近，几乎能听见他拉琴的声音。

爱丽丝的架子上搁着两个盒子，里面装满了她的回忆。第一个盒子装的是残存的照片：她在布拉格市政厅外拍的结婚照、保罗的照片、几张二战前的旧照、一张母亲苏菲年轻时的黑白小照片、一块以色列政府颁发的小奖牌。此外，还有一张苏菲当年拍的、大胡子的西格蒙德·弗洛伊德。苏菲与弗洛伊德在维也纳经朋友介绍认识。那会儿在维也纳，弗洛伊德的办公室与苏菲亲戚家离得不远，苏菲带爱丽丝在亲戚家小住，散步时常遇见弗洛伊德，而著名的弗洛伊德医生就会停下来，和她们聊上几句。爱丽丝的第二个盒子，里面装了两个4英寸×6英寸的剪贴簿。两个簿子历经二战和爱丽丝的两次移民，被保存了下来。簿子里大多是爱丽丝的演奏会乐评剪报，由她从捷克的德文报纸上小心剪下，仔细贴在内页上。

环顾爱丽丝的公寓，会发现整间屋子都有关于拉斐的记忆。电视机下面，是拉斐拉大提琴和担任指挥的录像带，其中有一场拉斐指挥青年交响乐团国际巡演《布伦迪巴》时的现场录影，爱丽丝时常观看；架在书顶上的白色小风扇，是拉斐夏天买给她的礼物；铺在椅背上的，是一条羊毛盖毯和一条披肩，也是拉斐送给她的。

爱丽丝坦言，这么多年过去，很多纪念品都丢失了，身边仅存了一些，她对此心存感激，它们令她快乐。她笑着说："我从未感到失去，有时，我还会收到一幅画、一封信、一张卡片……我很满足，我有音乐、文学、哲学……一切美好的艺术。当人活得够老，会发现生命没什么会丢失，所有的印记，都留在自己的脑海中。一生的过往，始终都与自己相伴。你存于过去，也存于现在，其实是一体的。不必刻意抓住什么，存在过的都不会消失。人生那么美，不适合用来伤感和缅怀，只要记忆就够了，'记忆是灵魂的抄写员'。快乐地活着，感恩生活。"

爱丽丝的钢琴课

马勒 《第二交响曲》

《第二交响曲》是马勒对宇宙终极真相的一次深刻探讨。在这场与灵魂和上帝的对话中，马勒对“生命所为何来，死后将去往何处”给出了自己的答案——复活。天地初开，万物复苏，审判并未降临，而是神赐福于世人。无论英雄、囚徒还是贩夫走卒，一切世人皆得神的恩赐。死亡并不真的存在，神爱世人，生命在爱中获得永生，“走向幸福的极致”……

致谢

首先，我深深感激爱丽丝·赫兹-桑默。我希望，我恰如其分地呈现出了她的人生，并传递出她带给我的勇气和感动，哪怕只有一点点。

非常感谢我的朋友马里昂·威塞尔建议我写作此书。感谢伊利·威塞尔和瓦茨拉夫·哈维尔总统给予我的慷慨帮助。感谢论坛2000和布拉格证券专业学会常务理事奥尔德里希·切尼发现并翻译了之前被忽视的米哈尔·马雷斯的生平材料。感谢威拉德·盖林博士付出一生的知识和勇气。

同样热烈感谢爱丽丝的朋友，以前的学生和在伦敦、纽约和以色列的亲人。在过去的六年里，他们不吝接受采访，接听采访电话；他们提供的信息和见解对我来说无限宝贵。

我还要深深感谢历史学家和纪录片导演卢卡斯·普瑞拜尔在泰瑞辛集中营档案馆查阅了相关资料；感谢已故的乔萨·卡拉斯慷慨分享上世纪七十年代，他在以色列对爱丽丝的采访录音；

感谢捷克音乐学者米兰·库纳；感谢已故的卡雷尔·伯曼和保罗·桑福德花费数小时与我讨论敏感话题，与我分享二位丰富而精确的回忆；感谢波利·汉考克敏锐的摄影作品；感谢索菲亚·罗塞夫的深刻理解；感谢阿诺德·库珀博士的支持；感谢已故的维克多·弗兰克博士和汉斯·摩根索分享他们的回忆；感谢伊娃·哈勒无尽的鼓励和激情；感谢卡斯滕·施密特，费利克斯·韦尔什的传记作家，发现并翻译利奥波德·桑默现藏于耶路撒冷希伯来大学档案室的信件；感谢尤里·多立克提供的美丽照片；感谢劳拉·西格尔的极大帮助；感谢哈伊姆·阿德勒、马丁·安德森、西格丽德·包辛格博士、拉尔夫·布卢梅瑙、克莱门特·德·阿莱西、杰奎琳·丹森、露丝·博罗诺·丹森、尤里·多里克、露辛达·格雷夫斯、兹登卡·范特洛瓦、卡佳·克拉索瓦、安妮塔·拉斯克-沃尔费什、安妮·拉扎尔、希尔德·莱蒙迪昂、尼里·林德、安东尼·洛普雷斯蒂、戴维·洛温赫兹、埃斯特·马龙、基思·门顿、埃德娜·莫尔、莉·尼曼、瓦莱丽·鲁本、劳伦斯·席勒、梅拉·沙汉姆、艾伦·斯考尼科夫博士、康妮·斯廷斯马、吉纳维芙·蒂利耶-桑默、罗宾·汤姆林森、埃拉·维斯伯格和迈克尔·赞拓夫斯基的宝贵贡献。

这本书能够完成，我还要特别感谢朋友兼经纪人马尔利·鲁索夫对我的信心和支持；感谢出版商和编辑辛迪·施皮格尔对这本书的信心，以及她杰出的编辑工作；感谢洛娜·欧文的理解和不断鼓励。最后，我要感谢我心爱的女儿安娜·伊丽莎白·斯托辛格，并将本书献给她。

著作权合同登记号　桂图登字：20-2012-126号

This translation published by arrangement with Spiegel & Grau, an imprint of The Random House Publishing Group, a division of Random House, Inc.

图书在版编目（CIP）数据

110岁的优雅　爱丽丝的美丽人生/（美）斯托辛格（Stoessinger,C.）著；徐嘉译.
—南宁：广西科学技术出版社，2016.12
ISBN 978-7-5551-0486-5

Ⅰ.①1… Ⅱ.①斯… ②徐… Ⅲ.①女性－人生哲学－通俗读物 Ⅳ.①B821-49

中国版本图书馆CIP数据核字（2016）第058896号

110 SUI DE YOUYA　AILISI DE MEILI RENSHENG
110岁的优雅　爱丽丝的美丽人生

作　　者：［美］卡罗琳·斯托辛格　　翻　　译：徐　嘉
产品监制：陈恒达　　责任编辑：陈恒达　冯　兰
版式设计：闫薇薇　　封面设计：嫁衣工舍
责任校对：曾高兴　田　芳　　责任审读：张桂宜
版权编辑：孙淑慧　　责任印制：林　斌

出 版 人：韦鸿学　　出版发行：广西科学技术出版社
社　　址：广西南宁市东葛路66号　　邮政编码：530022
电　　话：010-53202557（北京）　　0771-5845660（南宁）
传　　真：010-53202554（北京）　　0771-5878485（南宁）
网　　址：http://www.ygxm.cn　　在线阅读：http://www.ygxm.cn

经　　销：全国各地新华书店
印　　刷：北京富达印务有限公司
地　　址：北京市通州区潞城镇庙上村　　邮政编码：101117
开　　本：880mm×1240mm　1/32
字　　数：107千字　　印　　张：6.5
版　　次：2016年12月第1版　　印　　次：2016年12月第1次印刷
书　　号：ISBN 978-7-5551-0486-5
定　　价：35.00元